第四次气候变化
国家评估报告特别报告

—— 国家碳市场评估报告 ——

《第四次气候变化国家评估报告》编写委员会 编著

商务印书馆
The Commercial Press

图书在版编目（CIP）数据

第四次气候变化国家评估报告特别报告. 国家碳市场评估报告/《第四次气候变化国家评估报告》编写委员会编著. ——北京：商务印书馆，2023
（第四次气候变化国家评估报告）
ISBN 978 - 7 - 100 - 22062 - 0

Ⅰ. ①第… Ⅱ. ①第… Ⅲ. ①气候变化—评估—研究报告—中国 Ⅳ. ①P467

中国国家版本馆 CIP 数据核字（2023）第 036749 号

第四次气候变化国家评估报告
第四次气候变化国家评估报告特别报告
国家碳市场评估报告
《第四次气候变化国家评估报告》编写委员会　编著

商 务 印 书 馆 出 版
（北京王府井大街 36 号邮政编码 100710）
商 务 印 书 馆 发 行
北 京 冠 中 印 刷 厂 印 刷
ISBN 978 - 7 - 100 - 22062 - 0

2023 年 11 月第 1 版　　开本 710×1000　1/16
2023 年 11 月北京第 1 次印刷　印张 14¹/₂
定价：108.00 元

《第四次气候变化国家评估报告》编写委员会

编写领导小组

组　长	张雨东	科学技术部
副组长	宇如聪	中国气象局
	张　涛	中国科学院
	陈左宁	中国工程院
成　员	孙　劲	外交部条约法律司
	张国辉	教育部科学技术与信息化司
	祝学华	科学技术部社会发展科技司
	尤　勇	工业和信息化部节能与综合利用司
	何凯涛	自然资源部科技发展司
	陆新明	生态环境部应对气候变化司
	岑晏青	交通运输部科技司
	高敏凤	水利部规划计划司
	李　波	农业农村部科技教育司
	厉建祝	国家林业和草原局科技司
	张鸿翔	中国科学院科技促进发展局
	唐海英	中国工程院一局
	袁佳双	中国气象局科技与气候变化司
	张朝林	国家自然科学基金委员会地学部

　　曾经是《第四次气候变化国家评估报告》编写领导小组成员，并为报告的编写做了大量工作和贡献，后因职务变动等原因不再作为成员的有徐南平、丁仲礼、刘旭、张亚平、苟海波、孙桢、高润生、吴远彬、杨铁生、文波、刘鸿志、庞松、杜纪山、赵千钧、王元晶、高云、王岐东、王孝强。

专家委员会

主　任	徐冠华	科学技术部
副主任	刘燕华	科学技术部
委　员	杜祥琬	中国工程院
	孙鸿烈	中国科学院地理科学与资源研究所
	秦大河	中国气象局
	张新时	北京师范大学
	吴国雄	中国科学技术大学
	符淙斌	南京大学
	丁一汇	中国气象局国家气候中心
	吕达仁	中国科学院大气物理研究所
	王　浩	中国水科院国家重点实验室
	方精云	北京大学/中国科学院植物研究所
	张建云	南京水利科学研究院
	何建坤	清华大学

周大地	国家发展和改革委员会能源研究所
林而达	中国农业科学院农业环境与可持续发展研究所
潘家华	中国社会科学院城市发展与环境研究所
翟盘茂	中国气象科学研究院

编写专家组

组　长	刘燕华		
副组长	何建坤	葛全胜	黄　晶
综合统稿组	孙　洪	魏一鸣	
第一部分	巢清尘		
第二部分	吴绍洪		
第三部分	陈文颖		
第四部分	朱松丽	范　英	

领导小组办公室

组　长	祝学华	科学技术部社会发展科技司
副组长	袁佳双	中国气象局科技与气候变化司
	傅小锋	科学技术部社会发展科技司
	徐　俊	科学技术部社会发展科技司

	陈其针	中国21世纪议程管理中心
成　员	易晨霞	外交部条约法律司应对气候变化办公室
	李人杰	教育部科学技术与信息化司
	康相武	科学技术部社会发展科技司
	郭丰源	工业和信息化部节能与综合利用司
	单卫东	自然资源部科技发展司
	刘　杨	生态环境部应对气候变化司
	汪水银	交通运输部科技司
	王　晶	水利部规划计划司
	付长亮	农业农村部科技教育司
	宋红竹	国家林业和草原局科技司
	任小波	中国科学院科技促进发展局
	王小文	中国工程院一局
	余建锐	中国气象局科技与气候变化司
	刘　哲	国家自然科学基金委员会地学部

　　曾经是《第四次气候变化国家评估报告》编写工作办公室成员，并为报告的编写做了大量工作和贡献，后因职务变动等原因不再作为成员的有吴远彬、高云、邓小明、孙成永、汪航、方圆、邹晖、王孝洋、赵财胜、宛悦、曹子祎、周桔、赵涛、张健、于晟、冯磊。

本 书 作 者

指导委员　　潘家华　　研究员　　中国社科院生态文明研究所

周大地　　研究员　　国家发展改革委能源所

领衔专家　　段茂盛　　研究员　　清华大学

首席作者（按姓氏笔画排序）

第一章　　段茂盛　　研究员　　清华大学

曾雪兰　　教　授　　广东工业大学

第二章　　张丽欣　　研究员　　中国质量认证中心

周　胜　　副研究员　　清华大学

第三章　　刘清芝　　高级工程师　　中环联合（北京）认证中心

有限公司

唐人虎　　教授级高工　　北京中创碳投科技有限公司

第四章　　齐绍洲　　教　授　　武汉大学

李　瑾　　高级经济师　　上海能源环境交易所

第五章　　段茂盛　　研究员　　清华大学

葛兴安　　经济师　　盟浪可持续数字科技（深圳）

有限公司

第六章　　齐绍洲　　教　授　　武汉大学

段茂盛　　研究员　　清华大学

主要作者（按姓氏笔画排序）

第二章	郑喜鹏	工程师	北京中创碳投科技有限公司
第三章	郑喜鹏	工程师	北京中创碳投科技有限公司
第四章	葛兴安	经济师	盟浪可持续数字科技（深圳）有限公司
	程 思	讲 师	湖北经济学院
	曾雪兰	教 授	广东工业大学
第五章	张丽欣	研究员	中国质量认证中心
	林丹妮	经济师	盟浪可持续数字科技（深圳）有限公司
第六章	李 瑾	高级经济师	上海能源环境交易所
	葛兴安	经济师	盟浪可持续数字科技（深圳）有限公司
	曾雪兰	教 授	广东工业大学

序

气候变化不仅是人类可持续发展面临的严峻挑战，也是当前国际经济、政治、外交博弈中的重大全球性和热点问题。政府间气候变化专门委员会（IPCC）第六次评估结论显示，人类活动影响已造成大气、海洋和陆地变暖，大气圈、海洋、冰冻圈和生物圈发生了广泛而迅速的变化。气候变化引发全球范围内的干旱、洪涝、高温热浪等极端事件显著增加，对全球粮食、水、生态、能源、基础设施以及民众生命财产安全等构成长期重大影响。为有效应对气候变化，各国建立了以《联合国气候变化框架公约》及其《巴黎协定》为基础的国际气候治理体系。多国政府积极承诺国家自主贡献，出台了一系列面向《巴黎协定》目标的政策和行动。2021 年 11 月 13 日，《联合国气候变化框架公约》第二十六次缔约方大会（COP26）闭幕，来自近 200 个国家的代表在会期最后一刻就《巴黎协定》实施细则达成共识并通过"格拉斯哥气候协定"，开启了全球应对气候变化的新征程。

中国政府高度重视气候变化工作，将应对气候变化摆在国家治理更加突出的位置。特别是党的十八大以来，在习近平生态文明思想指导下，按照创新、协调、绿色、开放、共享的新发展理念，聚焦全球应对气候变化的长期目标，实施了一系列应对气候变化的战略、措施和行动，应对气候变化取得了积极成效，提前完成了中国对外承诺的 2020 年目标，扭转了二氧化碳排放快速增长的局面。2020 年 9 月 22 日，中国国家主席习近平在第七十五届联合国大会一般性辩论上郑重宣示：中国将提高国家自主贡献力度，采取更加有力的政策和措施，二氧化碳排放力争于 2030 年前达到峰值，努力争取 2060 年前实现碳中和。中国正在为实现这一目标积极行动。

科技进步与创新是应对气候变化的重要支撑。科学、客观的气候变化评估是应对气候变化的决策基础。2006 年、2011 年和 2015 年，科学技术部会同中国气象局、中国科学院和中国工程院先后发布了三次《气候变化国家评估报告》，为中国经济社会发展规划和应对气候变化的重要决策提供了依据，为推进全球应对气候变化提供了中国方案。

为更好满足新形势下中国应对气候变化的需要，继续为中国应对气候变化相关政策的制定提供坚实的科学依据和切实支撑，2018 年，科学技术部、中国气象局、中国科学院、中国工程院会同外交部、国家发展改革委、教育部、工业和信息化部、自然资源部、生态环境部、交通运输部、水利部、农业农村部、国家林业和草原局、国家自然基金委员会等十五个部门共同组织专家启动了《第四次气候变化国家评估报告》的编制工作，力求全面、系统、客观评估总结中国应对气候变化的科技成果。经过四年多的不懈努力，形成了《第四次气候变化国家评估报告》。

这次评估报告全面、系统地评估了中国应对气候变化领域相关的科学、技术、经济和社会研究成果，准确、客观地反映了中国 2015 年以来气候变化领域研究的最新进展，而且对国际应对气候变化科技创新前沿和技术发展趋势进行了预判。相关结论将为中国应对气候变化科技创新工作部署提供科学依据，为中国制定碳达峰、碳中和目标规划提供决策支撑，为中国参与全球气候合作与气候治理体系构建提供科学数据支持。

中国是拥有 14.1 亿多人口的最大发展中国家，面临着经济发展、民生改善、污染治理、生态保护等一系列艰巨任务。我们对化石燃料的依赖程度还非常大，实现双碳目标的路径一定不是平坦的，推进绿色低碳技术攻关、加快先进适用技术研发和推广应用的过程也充满着各种艰难挑战和不确定性。

　　我们相信，在以习近平同志为核心的党中央坚强领导下，通过社会各界的共同努力，加快推进并引领绿色低碳科技革命，中国碳达峰、碳中和目标一定能够实现，中国的科技创新也必将为中国和全球应对气候变化做出新的更大贡献。

科学技术部部长

2022 年 3 月

前　言

2018 年 1 月，科学技术部、中国气象局、中国科学院、中国工程院会同多部门共同启动了《第四次气候变化国家评估报告》的编制工作。四年多来，在专家委员会的精心指导下，在全国近 100 家单位 700 余位专家的共同努力下，在编写工作领导小组各成员单位的大力支持下，《第四次气候变化国家评估报告》正式出版。本次报告全面、系统地评估了中国应对气候变化领域相关的科学、技术、经济和社会研究成果，准确、客观地反映了中国 2015 年以来气候变化领域研究的最新进展。报告的重要结论和成果，将为中国应对气候变化科技创新工作部署提供科学依据，并为中国参与全球气候合作与气候治理体系构建提供科学数据支持，意义十分重大。

本次报告主要从"气候变化科学认识""气候变化影响、风险与适应""减缓气候变化""应对气候变化政策与行动"四个部分对气候变化最新研究进行评估，同时出版了《第四次气候变化国家评估报告特别报告：方法卷》《第四次气候变化国家评估报告特别报告：科学数据集》《第四次气候变化国家评估报告特别报告：中国应对气候变化地方典型案例集》等八个特别报告。总体上看，《第四次气候变化国家评估报告》的编制工作有如下特点：

一是创新编制管理模式。本次报告充分借鉴联合国政府间气候变化专门委员会（IPCC）的工作模式，形成了较为完善的编制过程管理制度，推进工作机制创新，成立编写工作领导小组、专家委员会、编写专家组和编写工作办公室，坚持全面系统、深入评估、全球视野、中国特色、关注热点、支撑决策的原则，确保报告的高质量完成，力争评估结果的客观全面。

二是编制过程科学严谨。为保证评估质量，本次报告在出版前依次经历了内审专家、外审专家、专家委员会和部门评审"四重把关"，报告初稿、零稿、一稿、二稿、终稿"五上五下"，最终提交编写工作领导小组审议通过出版。在各部分作者撰写报告的同时，我们还建立了专家跟踪机制。专家委员会主任徐冠华院士和副主任刘燕华参事负责总体指导；专家委员会成员按照领域分工跟踪指导相关报告的编写；同时还借鉴 IPCC 评估报告以及学术期刊的审稿过程，开通专门线上系统开展报告审议。

三是报告成果丰富高质。本次报告充分体现了科学性、战略性、政策性和区域性等特点，积极面向气候变化科学研究的基础性工作、前沿问题以及中国应对气候变化方面的紧迫需求，深化了对中国气候变化现状、影响与应对的认知，较为全面、准确、客观、平衡地反映了中国在该领域的最新成果和进展情况。此外，此次评估报告特别报告也是历次《气候变化国家评估报告》编写工作中报告数量最多、学科跨度最大、质量要求最高的一次，充分体现出近年来气候变化研究工作不断增长的重要性、复杂性和紧迫性，同时特别报告聚焦各自主题，对国内现有的气候变化研究成果开展了深入的挖掘、梳理和集成，体现了中国在气候变化领域的系统规划部署和深厚科研积累。

本次报告得出了一系列重要评估结论，对支撑国家应对气候变化重大决策和相关政策、措施制定具有重要参考价值。一方面，明确中国是受全球气候变化影响最敏感的区域之一，升温速率高于全球平均。如中国降水时空分布差异大，强降水事件趋多趋强，面临洪涝和干旱双重影响；海平面上升和海洋热浪对沿海地区负面影响显著；增暖对陆地生态系统和农业生产正负效应兼有，中国北方适宜耕作区域有所扩大，但高温和干旱对粮食生产造成损失更为明显；静稳天气加重雾霾频率，暖湿气候与高温热浪增加心脑血管疾病发病与传染病传播；极端天气气候事件对重大工程运营产生显著影响，青藏铁路、南水北调、海洋工程等的长期稳定运行应予重视。另一方面，在碳达峰、碳中和目标牵引下，本次评估也为今后应对气候变化方面提供了重要参考。总而言之，无论是实施碳排放强度和总量双控、推进能源系统改革，还是加强气候变化风险防控及适应、产业结构调整，科技创新都是必由之路，更是重要依靠。

我们必须清醒地认识到，碳中和目标表面上是温室气体减排，实质是低碳技术实力和国际规则的竞争。当前，中国气候变化研究虽然取得了一定成绩，形成了以国家层面的科技战略规划为统领，各部门各地区的科技规划、政策和行动方案为支撑的应对气候变化科技政策体系，较好地支撑了国家应对气候变化目标实现，但也要看到不足，在研究方法和研究体系、研究深度和研究广度、科学数据的采集和运用，以及研究队伍的建设等方面还有提升空间。面对新形势、新挑战、新问题，我们要把思想和行动统一到习近平总书记和中央重要决策部署上来，进一步加强气候变化研究和评估工作，不断创新体制机制，提高科学化水平，强化成果推广应用，深化国际领域合作，尽科技工作者最大努力更好地为决策者提供全面、准确、客观的气候变化科学支撑。

本次报告凝聚了编写组各位专家的辛勤劳动以及富有创新和卓有成效的工作，同时也是领导小组和专家委员会各位委员集体智慧的集中体现，在此向大家表示衷心的感谢。也希望有关部门和单位要加强报告的宣传推广，提升国际知名度和影响力，使其为中国乃至全球应对气候变化工作提供更加有力的科学支撑。

中国科学院院士、科学技术部原部长

目　　录

摘　要

我国碳市场的发展主要经历了循序渐进的三个阶段，前面阶段的经验为后面阶段的实践奠定了坚实的意识以及技术和管理能力基础。第一阶段，我国以卖家身份参加了《京都议定书》建立的清洁发展机制（Clean Development Mechanism, CDM），向发达国家出售 CDM 项目所产生的减排指标；第二阶段，我国建立了与 CDM 市场并存的国内温室气体自愿减排市场；第三阶段，我国建立了碳排放权交易（Emissions Trading System, ETS）市场，包括试点市场和全国市场，而自愿减排市场产生的减排指标可被用作 ETS 市场下的抵消指标。

CDM 在帮助发达国家降低其实现《京都议定书》减排义务的成本、促进发展中国家的可持续发展和促进资金向发展中国家的流动方面曾发挥了重要作用。在《京都议定书》第一承诺期（2008～2012 年）内，发达国家使用了10 亿多吨二氧化碳当量的减排量以完成其减排义务，大量资金通过购买这些减排指标和投资 CDM 项目流向了发展中国家，尤其是中国、印度、巴西等几个发展中大国。CDM 项目的实施也提高了相应发展中国家应对气候变化的意识和能力。

我国是全球最大的 CDM 项目东道国，CDM 合作曾给相关行业带来了巨大的经济利益，极大提高了我国各级相关主管部门、行业和企业、研究机构、咨询机构等减排温室气体的意识，以及技术和管理能力，为我国自愿减排碳市场以及试点和全国 ETS 的建设奠定了坚实的机构、人员和技术基础。截至 2019 年 5 月，我国注册成功的 CDM 项目共 3 760 个，占全球 45%；获签发的减排量为 10.85 亿吨二氧化碳当量，占全球的 55%。参与 CDM 合作给我国企业带来了巨大经济收益，但主要集中在 2009～2013 年这一阶段，此后我国 CDM 项目的开发和减排量的签发基本停滞。通过向发达国家出售减排量，风电、水电、光伏、生物质发电等项目的经济性得到了极大提高，促进了我国可再生能源行业的快速发展；各级政府、相关企业、技术服务机构的温室气体减排意识和能力以及公众对气候变化问题的认识得到了显著提升；以来自 CDM 项目收入的政府收益分成为基础，我国成立了中国清洁发展机制基金，对我国应对气候变化的工作起到了积极的支持作用；CDM 的制度架构及其技术规则，为我国自愿减排碳市场的设计、建设和运行提供了重要参考。

然而，CDM 的未来发展面临着巨大的不确定性和挑战。对 CDM 项目减排量的需求主要来自发达国家在《京都议定书》下的履约需求，但由于《京都议定书》第二承诺期（2013～2020 年）迟迟未生效，欧盟碳市场在 2013 年后从数量、项目来源国和签发时间等方面对来自 CDM 项目的减排量设立了严格限制，加之各方到 2020 年仍未就 CDM 如何向《巴黎协定》的市场机制过渡方案达成一致，导致国际 CDM 市场萎缩严重，项目注册和减排量签发都基本停滞。

借鉴 CDM 的相关技术规则和程序，我国建立了"中国核证自愿减排量（China Certified Emission Reduction, CCER）"市场，以激励潜在的减排项目、规范多样化的自愿减排市场，为市场参与者提供权威和透明的项目和减排量信息。试点 ETS 的履约需求是 CCER 的最大需求来源，来自于企事业单位、机构团体和个人的自愿抵消需求量较小且不稳定。除了 CCER 市场外，个别省份也进行了"碳普惠"机制尝试，鼓励个人和小微企业的低碳行为。自愿减排市场在提高全社会的减排意识和促进精准扶贫等方面发挥了积极作用。

我国试点 ETS 的制度设计在实践中不断完善优化。当前我国试点 ETS 已基本形成了"1+1+N（人大立法+地方政府规章+实施细则）"或"1+N（地方政府规章+实施细则）"的政策体系；遵循"抓大放小"和"循序渐进"的原则逐步扩大覆盖的行业和单位范围；配额总量设定遵循适度从紧的原则并逐年收紧；配额分配方法以免费分配为主，并由历史排放法逐渐向历史强度法和行业基准法过渡；抵消规则逐渐趋于严格；数据核查技术规范逐渐标准化，并探索由被核查单位支付核查费用的方式。截至 2020 年 7 月，七个试点 ETS 共覆盖电力、水泥、钢铁、化工等行业的近 3 000 家单位，已完成五至七个履约周期。

试点 ETS 的设计在多个重要方面体现了中国特色。覆盖的排放不仅包括化石燃料燃烧和工业生产过程产生的直接排放，还纳入了电力和热力消费产生的间接排放，以解决电力和热力生产成本无法向消费者完全传递的问题；配额总量设定充分考虑了经济增长和行业发展的不确定性，主要由免费配额分配法自下而上决定，为灵活总量；重点排放单位可以使用一定量的 CCER 进行履约，并对 CCER 来源项目所处的地域、类型和签发时间进行了限制；对于违规市场参与者，尤其是重点排放单位的处罚包括纳入信用体系、停止享受优惠政策资格等非经济手段。

同时，不同试点 ETS 的设计也存在显著的差异。试点的主要法律基础文件既包括层级较高的地方性法律，也包括政府部门的规范性文件；不同试点 ETS 的覆盖行业、纳入单位的排放标准因为所在区域的排放总量和特点差异明显；配额分配方法多样，即使针对同一个行业的同一种分配方法，具体的参数设置也存在较大差异；配额存储的限制条件和对 CCER 的合格性要求有较大差别；对违规和不履约企业的处罚措施也因为法律基础的不同而存在巨大差异，尤其是在是否进行经济处罚与经济处罚的上限方面。

但是，试点 ETS 的交易也存在活跃度不足、交易时间集中、不同试点的配额价格存在较大差异等问题。市场交易集中在履约期之前的两个月，这段时间的成交量占全年总成交量的一半左右。各试点配额的交易量占配额总量比重较低。各试点市场相互独立，价格差异较大，部分试点价格波动大，无法为企业提供比较稳定的价格信号。市场参与者进行了多种有益的碳金融创新尝试，但总体规模较小，受限较多。

总体来说，试点 ETS 对碳减排、产业发展、就业和企业的低碳创新投入产生了明显影响。与非试点地区相比，试点地区的能源技术效率明显提高，纳入碳市场的工业行业的碳排放和碳强度显著降低。试点 ETS 对第一、第二产业的增长起到抑制作用，对第三产业的增长起到促进作用；短期内可能对部分行业的就业有负面影响，但也会创造部分新的就业机会；试点 ETS 提高了大型企业的低碳技术创新投入，但对小微企业的影响不显著。

全国 ETS 建设选择了自上而下的路径，由国家确定统一的市场规则。设计既吸取了试点 ETS 建设和运行中发现的经验和教训，也考虑了全国市场建设面临的区域差异大等诸多问题。全国 ETS 目前最主要的法律依据是国务院部门规章，无法为全国市场的建设和运行提供必要的法律支持，需要尽快出台相关的国务院条例以完善政策体系。与试点类似，全国 ETS 将以自下而上的方式设立灵活的配额总量；同时纳入直接排放和间接排放，循序渐进逐步扩大所纳入的行业范围；为了提高社会接受度并与供给侧结构性改革等其他政策协调，初期的配额分配以免费为主，优先使用基于企业实际产出的行业基准法进行免费配额分配。未来，全国 ETS 需要进一步明确关于数据的要求，并采取多种措施以保证体系设计和运行所需数据的可获得性和质量；需要对市场参与者建立有效的违规行为惩罚措施，可以既包括较高额度经济处罚等 ETS 通用的措施，也包括将违规行为纳入信用体系等适合我国国情的措施。

我国 ETS 的设计需要考虑与节能、可再生能源和常规污染物控制等其他政策的有效协调。评价政策之间相互作用的常用指标包括有效性、公平性、可行性、成本效益、对经济社会的影响等，需要从政策构成要素、政策制定过程、政策特征、政策维度、政策效果及影响等多方面建立分析框架。我国的固定上网电价和配额制等可再生能源政策和 ETS，都会赋予可再生能源相对化石能源的竞争优势，而可再生能源的大规模利用又会导致对配额的需求下降。ETS 与环保政策的协调可从如下几个方面展开：①将碳排放数据的监测和报告与现有的污染物监测网络和平台相结合；②排污权和 ETS 可共用交易和登记平台等基础设施；③ETS 下的执法充分利用现有的环保执法体系。

应在政治和技术两个层面协调 ETS 与其他相关政策的关系，以提高其共同实施的有效性、公平性、可行性和成本效益。在政治层面，应从顶层设计和全局角度系统规划相互关联的政策目标，避免政策之间的直接冲突，这既需要清晰理解相关政策之间的相互作用和影响机制，更需要有破除部门利益的政治勇气。在技术层面，应在 ETS 总量、配额分配方法、抵消机制等关键要素设计时充分考虑其他相关政策的影响；需要对 ETS 与其他政策共同实施的相互作用与影响进行评估与分析，并据此不断对各个政策的关键要素进行修改完善，确保政策间有效协调。

对 ETS 的效果进行科学和及时的评估是不断完善体系设计的基础。评估机制包括评估流程、相关参与方及其职责、时间安排等，这些信息应在体系的基础性文件中予以明确。目前对 ETS 效果评估的研究主要集中在碳减排效果、对低碳技术创新的影响、对经济产出和竞争力的影响、对企业经营管理的影响以及市场运行表现等方面。其中，前四项评估的定量评价方法主要包括对比因变量在政策实施前后变化情况的方法、趋势外推法、双重差分法、基于倾向得分匹配的双重差分法、三重差分法以及一些其他的经典计量模型方法，定性研究方法包括问卷调研、访谈、案例分析等。评估市场运行表现的研究以基于有效市场理论的分析为主，采用的计量分析方法主要包括游程检验、序列相关检验、单位根检验、方差比检验以及这些基本方法的拓展。在对我国试点 ETS 效果的现有评估中普遍存在着对评估方法认识存在误区、事后评估研究的体量不足、评估所需数据难以公开获得等问题。为更好开展评估工作，需要加大体系设计和运行相关数据的公开力度，企业应更加主动地公布自身碳减排相关的信息，研究中也应探索更先进和多样的分析手段。

第一章 国内碳市场的发展

碳市场的国际实践起源于《京都议定书》所建立的三种灵活机制，即清洁发展机制（Clean Development Mechanism, CDM）、联合履行（Joint Implementation, JI）和国际排放交易（International Emissions Trading, IET），其不但帮助发达国家以比较低的成本实现其在《京都议定书》下的减排目标，而且提高了碳市场参与国应对气候变化的意识和技术能力，推进其国内的减排努力。作为发展中国家，我国积极参与了 CDM 国际合作。除可以获得经济收益外，市场参与各方也提高了各自的减排意识和能力，积累了碳市场方面的宝贵经验教训，为我国国内自愿减排市场、试点碳排放权交易（Emissions Trading System, ETS）市场和全国 ETS 市场的发展奠定了良好的基础。本章主要介绍了碳市场的理论基础和基本构成，并概述了全球碳市场的形成和发展历程。

第一节 碳市场的形成

除行政命令类政策手段以外，碳市场作为市场型的政策工具，因其具有降低实现减排目标的总成本，兼具可提升资源配置效率的优势，正在全世界范围内逐渐被推广和应用。本节阐述了碳市场形成的理论基础，并介绍了实践中碳市场的基本形态和构成。

一、碳市场的理论基础

外部性理论和资源稀缺理论是碳市场提出的理论基础。温室气体排放具有负外部性，忽略其外部性会导致市场扭曲。为实现全球温升控制目标，世界各国必须对温室气体排放加以限制，因此温室气体排放额度是一种稀缺资源。碳市场是运用市场手段实现温室气体排放空间资源配置的外部性矫正政策工具。

外部性的概念最早由马歇尔和庇古在 20 世纪初提出，用来定义一方的行动、决策造成另一方利益受损或受益的情况。外部性分为正外部性和负外部性，其中正外部性是指经济主体的经济活动给他人和社会带来收益，但受益者不需要付出任何代价；负外部性是指经济主体的经济活动给他人和社会造成损害，但造成损害的主体却不需要为此承担任何成本。奥尔森、科斯、诺思、庇古等从集体行动、外部侵害、搭便车、公共产品、"囚徒困境"等不同角度讨论了外部性的经济学意义，学者们认为外部性具有不可分割性，产权界定不清楚是产生外部性的原因之一；个人理性和集体理性之间、个人最优和社会最优之间存在矛盾和冲突，但可以通过经济手段在一定程度上进行矫正（李寿德等，2000）。

人类生产和生活不可避免会产生温室气体排放，但人类的需求是无限的，全球的排放空间是有限的，温室气体排放需求和环境容量之间的供需矛盾实际上是稀缺资源的分配问题（田新，2016）。矫正温室气体排放的负外部性，即实现"污染者付费"，意味着要让温室气体的排放企业支付应有的经济代价，这需要政府力量的干预（张霞，2014；范英，2018）。政府干预温室气体排放空间这一稀缺资源配置的方式主要有两种类型，一种是由政府直接进行配置（命令与控制型），另一种是通过市场配置（市场交易型）。政府配置的传统手段包括排污许可和"庇古税"两种制度：排污许可制度即直接规定企业被允许的最大排污量，这种手段的优势在于管理力度大、直接控制排放总量，但存在"一刀切"、难以灵活考虑企业减排能力差异的问题；"庇古税"制度即企业要为排放的每一单位温室气体依法纳税，其优点在于企业可以自主选择排放量，但由于税率由政府决定，难以准确反映排放资源的稀缺程度，即该税种并不能保证温室气体排放总量控制目标的实现。行政命令是我国环境规制的常用手段，例如能源消费强度和碳排放强度的下降目标、万家企业节能低碳行动制定的节能目标等。行政命令型政策手段比较适用于减排工作初期，而随着减排潜力减小，行政命令型政策的边际成本常常大幅增加。

科斯定理为矫正外部性提供了另一种政策性解决思路，通过设定排放的控制总目标，将排放空间商品化为排放权，作为一种可交易标的物由市场进行配置。科斯定理认为，只要交易成本为零，初始的产权分配将不会影响资源的最优配置；但现实世界中，往往难以实现零交易成本的理想状况，当交易成本为正时，产权的初始分配将影响经济效率，产权的调整只有在利益大于成本时交易才会发生。因此，只有交易成本小于产权向最优效率情景调整的收益时，资源的最优配置才会实现（张霞等，2011；张霞，2014）。

碳市场可以通过将温室气体排放的外部成本内部化为企业的经济成本，从而影响企业的生产和减排行为，控制温室气体排放，倒逼企业开展技术革新。作为一种市场型政策工具，碳市场以碳价格作为信号工具，引导减排成本较低的行业、企业和地区优先减排，提高政策的成本效率，进而降低实现减排目标的社会总成本，实现帕累托最优状态（范英，2018）。市场化的减排机制比行政命令型的政策手段更能提高成本效率、促进减排技术创新、提高政治接受度、刺激企业主动减排（史丹等，2017）。尽管碳市场的提出是为了以市场手段内部化企业的温室气体排放成本，达到倒逼企业减排的目的，但是从实际实施效果来看，碳市场的作用还包括促进碳生产利用率提高、促进技术进步，其作用效果会受到交易成本的可控性、配额分配的合理性、减排目标制定的科学性等多重因素的影响。

二、碳市场的分类和构成

（一）碳市场的分类

根据对于参与者约束的强制性差异，碳市场可以分为履约市场（强制市场）和自愿市场，两者之间的本质差别在于减排责任的强制性。履约市场是为达到有法律约束力的强制减排要求而设立的交易市场；自愿市场是指出于社会责任、品牌建设和对未来政策变动预估的考虑，由个人、企业或政府为履行自愿约定的减排义务而产生的交易市场（丁浩等，2010；舟丹，2015；李伟，2017）。履约市场一般规定了较高的纳入门槛，价格水平较高，典型代表如欧盟碳排放权交易体系（European Union Emissions Trading System, EU ETS）；而自愿市场一般没有纳入门槛的限制，适用于那些自愿承担减排义务的企业、机构和个人，如以芝加哥气候交易所（Chicago Climate Exchange, CCX）为平台建立的自愿碳市场、澳大利亚新南威尔士排放交易体系（刘明明，2013；田新，2016）。

根据交易产品不同，可以将碳市场分为基于配额的交易市场和基于减排量的交易市场（World Bank, 2007）。基于配额的交易是指买方购买的对象由主管部门分配，例如 IET 的分配数量单位（Assigned Amount Unit, AAU）和 EU ETS 的欧盟碳排放配额（European Union Emission Allowances, EUA）。这类机制结合了环境绩效和政策灵活性，允许市场参与者通过交易以较低的成本完成履约义务。基于减排量的交易是指买方购买的商品是由经核证的温室气体减排项目产生的减排信用，如 CDM 下的经核证的减排量（Certified Emission Reduction, CER）和 JI 下的减排数量单位（Emission Reduction Unit, ERU）。一般而言，基于配额的碳市场允许企业使用一部分基于项目产生的减排信用来完成履约，如 EU ETS 允许纳入企业有条件地使用 CER 和 ERU 完成其部分义务，从而有助于发掘配额市场未覆盖部门的减排潜力。

（二）碳市场参与方

尽管不同学者对市场主要参与方的分类方式和结论存在差异，但大多认同碳市场的主要参与方包括主管部门（政府）、管控对象（企业、机构和个人）、中介服务机构（提供交易、核查核证、金融、碳资产管理咨询等服务）等（王遥，2010；吴琦，2016）。如上文所述，由于碳市场分为履约市场和自愿市场，这两类市场的主要参与方也存在差异。对于履约市场而言，主要参与方为受管控对象，即温室气体排放水平达到一定纳入门槛，管控政策覆盖行业的企业、设施和实体等；对于自愿市场而言，受管控对象可以是自愿承担温室气体减排义务的任何企业、个人和组织，如政府和非政府机构。

（三）国际碳市场发展现状

根据世界银行和国际碳行动伙伴组织（International Carbon Action Partnership, ICAP）的统计，目前已有 20 个 ETS 体系正在运行，覆盖了 27 个司法管辖区；另有 6 个司法管辖区正计划启动 ETS，包括中国和墨西哥；除此之外，还有 12 个司法管辖区正在考虑建立 ETS。目前，ETS 覆盖的排放占全球排放总量的 14%以上。[①]下文将对部分 ETS 体系做简单介绍，清洁发展机制以及自愿减排市场等将在专门的章节进行讨论。

截至 2020 年底，EU ETS 是全球正在运行的体量最大的碳市场，从 2005 年 1 月 1 日起开始运行，目前正处于第四阶段（2005～2007 年为第一阶段，2008～2012 年为第二阶段，2013～2020 年为第三阶段，2021～2030 年为第四阶段），覆盖 30 个国家（27 个欧盟成员国以及冰岛、列支敦士登和挪威）的 11 000 多个重点耗能设施（电力和工业部门）以及这些国家内、国家间的

---

① 《全球碳市场进展 2019 年度报告》，2019 年。

航线，纳入的温室气体排放占欧盟总量的 45% 以上[①]。

芝加哥气候交易所（CCX）、区域温室气体减排行动（Regional Greenhouse Gas Initiative, RGGI）和西部气候倡议（Western Climate Initiative, WCI）是北美区域性碳市场的典型代表（刘晓凤，2017）。芝加哥气候交易所是世界上第一个自愿型碳市场平台，以自愿的限额交易为基础，同时辅以排放抵消项目。区域温室气体减排行动是美国第一个强制性的二氧化碳减排限额交易平台，于 2005 年成立，成员包括大西洋沿岸和美国东北部的七个州：康涅狄格州，特拉华州，缅因州，马里兰州，马萨诸塞州，新罕布什尔州，纽约州，罗得岛州和佛蒙特州。西部气候倡议始于 2007 年，成员包括亚利桑那州、加利福尼亚州、新墨西哥州、俄勒冈州和华盛顿州，以及加拿大的不列颠哥伦比亚省、曼尼托巴省、安大略省和魁北克省，目的是为其成员实施碳市场交易提供管理和技术服务。

第二节　国内碳市场的形成和发展

我国国内碳市场的形成和发展始于 CDM 市场，与国际碳市场的发展紧密相连。作为发展中国家，我国是 CDM 项目的东道国之一，可以通过参与 CDM 合作引进国外资金和技术，开发国内的可再生能源等减排项目，促进国内清洁技术的应用、优化能源结构，提升我国可持续发展能力。在 CDM 市场时代，由于我国是减排指标的输出国，国内碳市场的兴衰完全依赖于国际碳市场，因此国际市场对减排信用的需求直接决定了国内碳市场的发展。随着国内自愿减排市场以及试点和全国碳排放权交易市场的发展，国内碳市场进入了自主发展的新阶段。

---

① https://ec.europa.eu/clima/policies/ets_en.

一、清洁发展机制市场

CDM 是一种发达国家和发展中国家通过项目合作实现"双赢"的机制，发达国家通过购买来自发展中国家 CDM 项目的减排量完成其部分减排目标，而发展中国家则可以通过 CDM 合作获得资金和技术，提升自己的节能减排能力和技术水平，创造更多的就业机会，促进可持续发展。CDM 下产生的减排指标是很多 ETS 中允许使用的抵消指标之一。

作为减排潜力大、减排成本较低的发展中国家，多年以来我国一直是全球最大的 CDM 项目东道国，注册的 CDM 项目数与获得签发的 CER 数量稳居全球首位。我国在 CDM 市场中取得的巨大成功与我国建立了有效的 CDM 管理机制、管理办法有密切联系，例如国内专门出台的《清洁发展机制项目运行管理办法》明确了国内 CDM 项目审批的相关流程，规定在转让项目减排量所获得的收益中，国家收取一定比例（具体比例因项目类型而异）并规定了转让减排量的最低价格，并对 CDM 项目业主设立了一定的资质要求。除了可以获得经济收益之外，清洁发展机制还为我国作为发展中国家深度参与全球合作，快速提升自身的意识、能力和技术水平提供了有益渠道。

CDM 项目的开发可以带来多个方面的效益。通过可再生能源和清洁能源的开发利用，可以减少对传统化石能源的消费，优化能源消费结构；通过节能和清洁生产技术的升级，可以提高工业生产率，减少能源消费及污染物排放；通过林业项目开发，可以促进植树造林，改善生态环境（张丽娜，2013；Murata *et al.*，2016）。CDM 项目有助于我国引进国外先进的能源利用和高效生产技术，在减少能源消费、有效降低温室气体排放的同时，提高生产水平（Zhang *et al.*，2018）。

除了能源和环境方面的效益之外，CDM 也对我国相关行业的发展产生了有利的影响，包括通过吸引国外资本和国内资本投资 CDM 项目，促进节能环保项目的商业化开发，并为项目所在地（尤其是偏远落后地区）创造就业机会、带动当地经济发展（Bayer *et al.*, 2013; Hong *et al.*, 2013; 张丽娜, 2013; Zhao *et al.*, 2014）；来自发达国家的技术转移（Zhang *et al.*, 2015），可以使我国获得能源相关产业结构转型和生产技术优化升级的先进技术支持（Stua, 2013），促进我国相关领域的自主技术创新（Yuan *et al.*, 2018）；还可以催生"碳金融"等金融创新业务，推动金融产品和业务的发展（张海娟等, 2013），并为我国未来的低碳发展积累更坚实的资金基础。

二、中国温室气体自愿减排（CCER）市场

2009 年 11 月哥本哈根气候大会前夕，中国政府宣布，到 2020 年我国国内生产总值（Gross Domestic Product, GDP）二氧化排放强度将比 2005 年下降 40%～45%，这一指标后来被分解为五年计划指标并作为约束性指标纳入了国民经济和社会发展规划。由于日本等国家表明不参加《京都议定书》第二承诺期，以及 EU ETS 抵消机制规则的改变等原因，国际 CDM 市场在 2012 年前后出现了剧烈波动，市场需求尤其是对我国等 CDM 主要东道国减排指标的需求出现急剧下降，我国从国际市场获得的减排收益受到了极大负面影响。在此背景下，气候变化主管部门开始制定国内的温室气体自愿减排交易规则，继续鼓励国内减排项目实施，保障国内自愿减排交易活动有序开展，调动全社会自觉参与碳减排活动的积极性，使我国通过 CDM 合作建立起来的技术和管理能力得以继续保持。

2012 年 6 月，国家发展和改革委员会（时任气候变化主管部门）颁布了《温室气体自愿减排交易管理暂行办法》，从交易产品、交易主体、交易场所、交易规则、登记注册和监管体系等方面，对 CCER 市场进行了详细的界定和规范。2012 年 10 月，国家发展和改革委员会颁布了配套的《温室气体自愿减排项目审定与核证指南》（以下简称"指南"），明确了自愿减排项目审定与

核证机构的备案要求、工作程序和报告格式。指南、备案的方法学、备案的审定与核证机构，三者构成了温室气体自愿减排交易体系的技术支撑体系（张昕等，2017）。2015 年 1 月，国家发展和改革委员会应对气候变化司组织建设的国家温室气体自愿减排交易注册登记系统正式建成并上线运行，为温室气体自愿减排交易活动的开展提供了系统支持。2016 年 7 月，国家已批准建立九家温室气体自愿减排交易机构，包括试点碳市场的七家交易机构，以及四川联合环境交易所和海峡股权交易中心。

以上工作为 CCER 的交易市场搭建起了整体框架，对 CCER 项目减排量从产生到交易的全过程进行了系统规范。此外，2013 年启动的七省市碳排放权交易试点通过将合格的 CCER 纳入各自的抵消机制，为其创造了未来稳定的规模化需求。

截至 2019 年 8 月，各试点碳市场已累计使用约 1800 万吨二氧化碳当量的 CCER 用于配额履约抵消，约占备案签发 CCER 总量的 22%。[①]各试点碳市场基于 CCER 开发了一系列碳金融衍生品，如基于 CCER 的质押、抵押融资、碳基金、碳债券、碳信托计划以及 CCER 现货远期交易等（张昕等，2017）。经过多年的发展，我国关于 CCER 的政策体系、技术支撑体系已基本完善，可以通过九家交易平台进行 CCER 的场内和场外交易。此外，碳金融衍生品的积极探索和成功实践，为建立和完善基于环境成本核算与环境收益评估的绿色金融体系奠定了坚实的基础，将会促进用市场手段尤其是碳价信号引导高碳企业节能减排、鼓励低碳企业健康发展，最终助力实现我国的总量减排和低碳发展目标。[②]

CCER市场经过多年的发展，在取得积极进展的同时，也出现了需要解决的相关问题，既包括管理体制方面如管理资源不足等，也包括技术标准方面

---

① 生态环境部：《中国应对气候变化的政策与行动 2019 年度报告》；2019 年。
② 绿金委碳金融工作组：《中国碳金融市场研究》；2016 年。

如额外性论证要求不清晰和不透明，还涉及和试点 ETS 的衔接问题如被纳入 ETS 的排放源中有可能开展 CCER 减排项目等。而由于国家清理整顿行政许可等多方面原因，国家发展和改革委员会于 2017 年 3 月 14 日发布公告宣布暂缓受理 CCER 方法学、项目、减排量、审定与核证机构、交易机构备案等五个事项的备案申请。目前，主管部门正在修改各个 CCER 的管理体制，修订管理办法和审定与核证指南，希望修改后的管理体制可以加强对温室气体自愿减排项目和减排量备案事中和事后监管，减少行政审批和干预，提高中国自愿碳减排机制的效率，提高 CCER 质量。

三、碳排放权交易（ETS）市场

我国选择以市场机制作为碳减排的主要政策手段之一，既有经济低碳发展的需求，也有国内外气候治理形势的影响（Heggelund *et al.*, 2019）。"十五"和"十一五"期间实施能耗下降目标等命令控制型的政策工具，促进了我国能源生产率和碳生产率的大幅度提升，但随之而来的减排潜力的减小，导致采用命令控制型政策工具的边际减排成本逐渐升高，市场型政策工具的成本效率优势逐渐显著。另一方面，随着 CDM 国际市场陷入低潮，国内减排指标在国际市场上越来越难以消化，而自愿减排市场的实践表明，强制力对保障市场的活跃度是必要的。随着强制性碳市场成为越来越多的国家和地区的政策选择，我国考虑建立国内强制性的碳市场也是顺应国际潮流、参与全球气候治理的必然选择。此外，参与《京都议定书》下的 CDM 市场、自愿减排市场建设和运行的探索，不但为企业带来了可观的经济收益，也为我国政府、企业和相关机构逐步积累了丰富的实践经验，培育了一批专业服务机构和人才，为我国实施 ETS 提供了经验和能力基础。

根据《中华人民共和国国民经济和社会发展第十二个五年规划纲要》中"建立完善温室气体排放统计核算制度，逐步建立碳排放交易市场"的要求，我国在建立全国 ETS 之前，首先在部分地区开展了 ETS 的试点工作。2013年 6 月 18 日，深圳碳交易试点率先开市，之后上海、北京、广东、天津、湖北和重庆等六个试点相继启动。在试点积累了宝贵的经验教训、全国碳市场启动条件逐渐成熟的条件下，国家发展和改革委员会于 2017 年底发布了《全国碳排放权交易市场建设方案（发电行业）》，宣布全国碳市场正式启动。

在借鉴国外 ETS 设计和运行经验教训的基础上，我国试点 ETS 的设计充分考虑了在我国实施 ETS 的政策背景和经济环境，包括试点地区的经济和产业特点、碳排放特点和能力建设水平等，同时，不同试点的设计也充分体现了试点地区之间的区域差异（庞韬等，2014；林文斌等，2015；齐绍洲等，2016；杨祎敏，2016）。

七个试点所处的经济发展阶段不同，产业结构存在较大差异，反映在 GDP 总量、人口、人均 GDP、GDP 增速、第三产业比重等多个方面。GDP 指标反映了区域经济繁荣程度，并从一定程度上反映了对减排成本的承受能力。从产业结构的角度而言，第二产业是碳排放的主要来源，第二产业所占比例较大意味着减排空间较大，但第二产业生产活动严重依赖于碳排放，因而对减排压力也最为敏感；第三产业的排放实体主要为建筑物，单体排放量小、相对分散，需要较低的门槛将其纳入管控。七个试点中，北京、天津、上海和深圳的人均 GDP 相对较高，同时第三产业比例较高，湖北、广东和重庆的大型工业企业相对较多，总体来说各试点选择纳入行业和纳入门槛的标准是与其经济特征相适应的。

七个试点的能源消费和碳排放特征也存在显著差异，反映在包括温室气体排放量（能源消费总量）、温室气体排放强度（能耗强度）、减排目标以及平均边际减排成本等指标上（陈德湖等，2016）。七个试点的能源消费特征与其经济发展阶段比较一致：湖北和广东的能源消费总量最高；天津、重庆和湖北的能耗强度较高，北京、上海、广东和深圳的能耗强度较低；广东和上海的平均边际减排成本较高。

为适应政策实施背景，各试点碳市场在制度设计方面各有特色，同时在处理共性问题中又体现了高度一致性，为全国碳市场建设中潜在的普遍性和特殊性问题提供了解决思路。我国碳交易试点建设大都以 EU ETS 为模板，在体系框架和要素设计方面高度相似，但与各试点地区的经济产业和碳排放特征相适应，各试点在覆盖范围、配额分配方法等方面各有特色（齐绍洲等，2016）。从纳入行业来看，各地区均纳入了电力供应和工业企业等大型排放源，北京、深圳和上海还同时纳入了大型公共建筑；从纳入门槛的角度来看，湖北试点的纳入门槛较高，深圳、北京试点的纳入门槛较低；从配额分配方法来看，各试点充分考虑了当地行业结构、生产力水平和基础数据质量，采用历史法和行业基准法相结合的方法并不断调整；从总量设计角度来说，七个试点在总量设计、管控对象和纳入排放类型等方面充分考虑了经济增长和不确定性，弱化了"绝对总量"的概念；从管控对象的角度来说，将企业而非设施作为管控对象，这与统计和监管体系一致；纳入电力消费的间接排放，适应性地解决了间接排放比例过高、电力价格成本传导机制不完善等问题。

截至 2019 年底，试点碳市场已经经历了五至六个履约周期，在运行中积累了大量的经验和教训，对全国碳市场的建设提供了重要的借鉴意义，并在自身的健全和完善过程中为全国碳市场提供了问题解决的思路。试点碳市场建立了完整的碳交易体系，如建设了交易系统、登记簿系统等电子信息支撑系统，设立了专门的政府管理机构，建立了市场监管体系，进行了大规模的人员培训和能力建设等。碳交易相关业务迅速发展，促进地区减排并服务于产业结构转型。碳排放交易的能力建设主要包括管理能力、服务能力和技术能力。通过试点 ETS 的实践和全国碳交易体系能力建设的推进，主管部门和重点排放单位等碳市场相关方对碳交易体系的了解程度已经逐渐加深，培养了一批碳排放交易咨询机构、经纪机构、碳资产管理机构和第三方核查机构，对重点排放行业和企业能力培训的范围和规模扩大，并逐步建立和完善了温室气体监测、报告和核查制度，排放报告系统、注册登记系统和交易系统等电子信息系统（郑爽等，2015）。在各试点的数据基础上，全国碳市场的准备工作又补充了全国 2 000 多家拟纳入重点排放名录的单位多年历史排放数据，并对非试点的主管部门和重点排放单位进行了广泛的碳交易能力培训，为全国碳市场的后续启动做好了准备工作。

同时，试点碳市场也反映了我国碳交易政策设计和运行中的一些问题，例如法律体系尚不健全，政策缺乏稳定性和透明度，监管体系不完善；技术基础欠缺、总量设置宽松，市场化程度不高、交易活跃度有限；各试点市场发展不平衡，有偿配额比例有待提高；碳市场风险管理机制不完善，控排企业的减排潜力未得到充分考虑（高山，2015；郑爽等，2015；毕英睿，2018）。除了自身完善之外，碳市场还需要做好与其他多方面因素的协调，例如与其他节能减排政策的协调、实现减排目标与活跃市场交易的协调、区域和行业公平的协调、经济波动与配额动态分配的协调等（王科等，2018）。

第三节 本报告的结构安排

本报告的后续内容按照我国碳市场发展的三个阶段进行安排。第二章针对我国碳市场发展的第一阶段，也即我国以卖家身份参加 CDM 国际合作，简单介绍了 CDM 的核心规则和我国参加 CDM 合作的主要情况，分析了 CDM 对我国相关行业、地区应对气候变化的意识和能力，以及国内碳市场发展的影响。第三章针对我国碳市场发展的第二阶段，即我国建立与 CDM 市场并存的国内温室气体自愿减排市场，分析了国内自愿减排市场的发展和形成背景以及运行情况，介绍了碳普惠制的发展状态，分析了自愿减排市场对提高全社会碳减排意识、促进国内 ETS 市场发展和精准扶贫的影响。第四章针对我国碳市场发展的第三阶段的第一步，即我国 ETS 试点市场的建立，分析了试点市场的关键制度建设、运行状况、对试点地区社会经济的影响等。第五章针对我国碳市场发展的第三阶段的第二步，即全国 ETS 市场的建立，分析了全国市场建设和运行的主要法律基础和关键要素等。第六章针对 ETS 市场运行效果的评估，主要介绍了评估的流程和常用方法等，也分析了 ETS 与其他相关政策的协调问题。

参考文献

Bayer P., Urpelainen J., Wallace J., 2013. Who Uses the Clean Development Mechanism? An Empirical Analysis of Projects in Chinese Provinces. *Global Environmental Change*, 23(2), 512-521.

Heggelund G., Stensdal I., Duan M., *et al.*, 2019. China's Development of ETS as a GHG Mitigating Policy Tool: A Case of Policy Diffusion or Domestic Drivers? *Review of Policy Research*, 36(2), 168-194.

Hong J., Guo X., Marinova D., *et al.*, 2013. Clean Development Mechanism in China: Regional Distribution and Prospects. *Mathematics and Computers in Simulation*, (93), 151-163.

Murata A., Liang J., Eto R., *et al.*, 2016. Environmental Co-benefits of the Promotion of Renewable Power Generation in China and India Through Clean Development Mechanisms. *Renewable Energy,* (87), 120-129.

Stua M., 2013. Evidence of the Clean Development Mechanism Impact on the Chinese Electric Power System's Low-carbon Transition. *Energy Policy*, (62), 1309-1319.

World Bank, 2007. *State and trends of the carbon market 2007.*

Yuan B., Xiang Q., 2018. Environmental Regulation, Industrial Innovation and Green Development of Chinese Manufacturing: Based on an Extended CDM Model. *Journal of Cleaner Production*, (176), 895-908.

Zhao Z. Y., Li Z. W., Xia B., 2014. The Impact of the CDM (Clean Development Mechanism) on the Cost Price of Wind Power Electricity: A China Study. *Energy*, (69), 179-185.

Zhang Y. J., Sun Y. F., Huang J., 2018. Energy Efficiency, Carbon Emission Performance, and Technology Gaps: Evidence from CDM Project Investment. *Energy Policy*, (115), 119-130.

Zhang C., Yan J., 2015. CDM's Influence on Technology Transfers: A Study of the Implemented Clean Development Mechanism Projects in China. *Applied Energy*, (158), 355-365.

毕英睿："从市场角度浅谈全国碳交易试点"，《节能与环保》，2018 年第 5 期。

丁浩、张朋程、霍国辉："自愿减排对构建国内碳排放交易市场的作用和对策"，《科技进步与对策》，2010 年第 22 期。

范英："中国碳市场顶层设计：政策目标与经济影响"，《环境经济研究》，2018 年第 1 期。

高山："我国试点省市碳交易面临的问题与对策"，《科学发展》，2015 年第 11 期。

李寿德、柯大钢："环境外部性起源理论研究述评"，《经济理论与经济管理》，2000 年第 5 期。

李伟："我国碳排放权交易问题研究综述"，《经济研究参考》，2017 年第 42 期。

林文斌、刘滨："中国碳市场现状与未来发展"，《清华大学学报（自然科学版）》，2015 年第 12 期。

刘明明："论我国碳排放权交易的模式选择"，《西南民族大学学报（人文社会科学版）》，2013 年第 34 期。

刘晓凤："美国区域性碳市场：发展、运行与启示"，《江苏师范大学学报（哲学社会科学版）》，2017 年第 43 期。

庞韬、周丽、段茂盛："中国碳排放权交易试点体系的连接可行性分析"，《中国人口·资源与环境》，2014 年第 24 期。

齐绍洲、程思："妥善处理碳市场建设中的'五个不'"，《光明日报》，2016 年第 15 期。

史丹、张成、周波等："碳排放权交易的实践效果及其影响因素：一个文献综述"，《城市与环境研究》，2017 年第 4 期。

田新："碳排放权交易：理论综述与启示"，《红河学院学报》，2016 年第 14 期。

王科、陈沫："中国碳交易市场回顾与展望"，《北京理工大学学报（社会科学版）》，2018 年第 2 期。

王遥："低碳时代中国企业的碳风险与机遇"，《中国经贸》，2010 年第 11 期。

吴琦："全国碳市场'狼来了'，利益相关方们'纠结啥'？"，《能源》，2016 年第 11 期。

杨祎敏："我国碳交易试点省市交易现状调查与评析"，《宜春学院学报》，2016 年第 38 期。

张海娟、胡佩、轩运铮等："我国 CDM 市场发展现状及建议"，《科技信息》，2013 年第 13 期。

张丽娜："清洁发展机制现状及对我国的影响"，《知识经济》，2013 年第 4 期。

张霞、王燕："碳市场：原理、实践和前景"，《财务与金融》，2011 年第 5 期。

张霞："浅论碳交易市场形成和运行的经济理论基础"，《价值工程》，2014 年第 33 期。

张昕、张敏思、田巍："国家自愿减排交易注册登记系统运维管理进展与建议"，《中国经贸导刊》，2017 年第 8 期。

张昕、张敏思、田巍等："我国温室气体自愿减排交易发展现状、问题与解决思路"，《中国经贸导刊》，2017 年第 23 期。

郑爽、刘海燕、王际杰："全国七省市碳交易试点进展总结"，《中国能源》，2015 年第 37 期。

舟丹："碳市场的分类"，《中外能源》，2015 年第 20 期。

第二章 清洁发展机制市场

清洁发展机制（CDM）的建立是国内碳市场发展的起点，其兴起、快速发展和趋于停滞的变化过程，对国内自愿减排市场和国内碳排放权交易市场都具有直接的启示和借鉴作用。本章将重点评价 CDM 基本规则、我国的参与、2012 年前后 CDM 市场的剧烈变化及其影响因素、CDM 对我国碳市场的影响，以及 CDM 发展面临的挑战等。

第一节 CDM 的基本规则

《京都议定书》第一次在国际层面对发达国家规定了量化的温室气体减排义务，于 1997 年通过，并于 2005 年正式生效。为了帮助发达国家以比较低的成本实现其减排目标，《京都议定书》设立了三种灵活机制，其中 CDM 具有双重目的：协助发达国家实现其部分减排承诺；同时促进发展中国家的可持续发展，并为《联合国气候变化框架公约》最终目标的实现作出贡献。

在《京都议定书》第一承诺期（2008~2012 年）内，CDM 基本上实现了预期目标：发达国家共使用了 10 亿多个 CER 进行履约，从而有效降低了发达国家实现其减排目标的成本；同时也通过资金、技术以及能力和意识提高等方式促进了 CDM 项目东道国的可持续发展。

一、CDM 的关键制度要素

CDM 项目的成功得益于很多方面，而核心在于 CDM 关键制度的有效设计，主要包括管理机构、经费和收益、参与资格、CDM 项目要求、第三方审定和核查要求。

（一）管理机构

CDM 的管理机构主要包括作为《京都议定书》最高权力机构的缔约方会议以及 CDM 执行理事会（Executive Board, EB）。缔约方会议制定了 CDM 的最基本规则，负责监督 CDM 的执行并可以就 CDM 运行中的关键问题给出指导意见。具体职能上，缔约方会议批准 EB 的议事规则，选举 EB 成员，批准指定经营实体（Designated Operational Entity, DOE），评审 EB 的年度报告并据此作出适当决定。

EB 负责制定 CDM 的具体技术标准、规则、流程，并监管 CDM 的日常运行，旨在确保 CDM 项目能够实现真正的额外减排。其制订的规则、标准和治理结构是宝贵的国际公共资产。CDM 相关规则为其他基准线和信用减排体系的建立和运行都提供了宝贵的参考，其技术标准和流程等在很多体系中被直接借鉴。

（二）经费和收益

CDM 项目活动所产生减排量的 2% 将被纳入适应基金，用于支持特别易受气候变化不利影响的发展中国家的适应活动，而在最不发达国家开展的 CDM 项目则可免除这一收益分成。这是《京都议定书》下适应基金最主要的收入来源，截至 2019 年 6 月 1 日，通过这一机制，CDM 已经向该基金贡献了大约 3 900 万个 CER。

除了收益分成，CDM 项目还需支付一定的费用，用于支持运行过程中发生的各种行政开支，包括 EB、秘书处、技术专家等费用。

而发达国家用于购买 CDM 项目减排量的资金由于获得了减排量作为商业回报，因此应和发达国家履行其国际资金义务严格区分，不计入其官方发展援助。

（三）参与资格

参与 CDM 项目合作是各缔约方的自愿行为，但各缔约方需要满足一定的前提条件，包括建立国家主管机构（Designated National Authority, DNA）等。对于 CDM 项目的参与方而言，则需要获得批准函，且项目东道国 DNA 确认项目活动有助于实现其可持续发展。

（四）对 CDM 项目的要求

每个 CDM 项目活动所产生的减排必须是额外的、可测量的和长期的，具体的评估则需要遵循 EB 制定的项目基准线和监测方法学，包括额外性论证的要求。

CDM 项目参与方应通过项目设计文件（Project Design Document, PDD）对项目进行完整描述，论证项目符合 CDM 规则的各种要求。PDD 的主要内容包括项目活动的总体描述、基准线的识别、额外性的论证、减排量的估算、监测计划的制定、项目周期和计入期、环境影响以及利益相关方的意见等。

CDM 项目的减排量以 CER 方式签发，每个 CER 代表经核证的一吨二氧化碳当量的减排量。额外性是确保 CDM 项目及其减排量质量的基础，但由于额外性论证是一个反事实的过程，困难和争议较大，因此越来越多的利益相关方要求 CER 应确保足够的额外性。同时，EB 也在持续地修改其方法学以提高 CDM 项目的质量、确保其额外性。

（五）第三方审定和核查要求

CDM 项目要获得 EB 的批准，首先必须经过指定经营实体（DOE）的审定、核查与核证。审定是 DOE 判断一个拟议 CDM 项目是否符合 CDM 规则的要求并进行独立评估的过程。经审定合格的项目才能够提交 EB 申请注册。注册后的项目就正式成为合格的 CDM 项目，需要严格按照 PDD 中制定的监测计划对项目的运行情况进行监测。核查是由 DOE 独立评审和事后确定核查期内 CDM 项目活动的温室气体减排量的机制，经过核查后，CDM 项目才能够向 EB 申请减排量的签发。

截至 2019 年 5 月，全球累计有 69 家机构向 EB 提交了 DOE 资质申请，其中 55 家先后获得批准，但由于《京都议定书》第一个履约期满后 CDM 市场低迷导致审定和核查业务量萎缩，而保有资质仍需要一定的成本，其中 25 家机构先后注销了资质，目前仍有 30 家机构保有 DOE 资质，主要来自德国、日本、西班牙、英国等发达国家以及中国、韩国、印度等。

CDM 机制下审定与核查是确保排放数据质量的重要手段，也正因为有了健全和严格的体系，CER 是目前全球范围内被认可程度最高的减排指标之一，很多 ETS 允许企业使用 CER 完成其配额提交义务。CDM 创建了利用 DOE 独立第三方实施审定与核查的制度，这是 CDM 机制中最关键、最强有力的要素之一（UNFCCC, 2019）。

CDM 规则和流程，尤其是技术标准经过多年实践和不断完善，在很多其他机制中也得到广泛应用，比如黄金标准以及我国的 CCER 体系等。可以说，CDM 是全球基准线和信用机制中的一个最成功的范例，为国际社会提供了一个有益的减排政策工具。

二、CDM 项目开发中的关键问题

参与方成功开发一个 CDM 项目除了商业方面的协商之外，还需要解决基准线排放识别、额外性论证、项目运行监测以及项目可持续发展效益评估等一系列关键问题。

（一）基准线排放识别

CDM 项目活动的基准线排放是一种假设的情景（所谓的基准线情景）下的排放，其合理代表在不开展拟议项目活动的情况下提供同样的服务所对应的温室气体排放量。基准线排放和项目排放的差值就是项目活动产生的减排量。合理地识别基准线排放不仅关系到项目减排量的多少，而且还直接关系到项目是否具有额外性，是否是一个合格的 CDM 项目。因此，基准线排放的识别是 CDM 项目开发的关键之一。

基准线排放的识别应符合方法学的规定，过程要透明、可靠，并考虑不确定因素。基准线排放应根据项目具体情况确定，在识别过程中要充分考虑相关的国家和部门政策，如部门改革行动、当地燃料供应情况等。在确定一个项目活动的基准线情景时，项目参与方应参照 EB 相关指导意见以及方法学的规定，选择最适合的情景并说明理由。

为了简化基准线的识别过程并降低相应成本，EB 允许一个或多个东道国为其特定行业内的项目设立"标准化的基准线"，其确定应当在东道国 DNA 的指导下实施，EB 会定期对标准化的基准线进行评估（IGES, 2017）。

（二）额外性论证

CDM 项目的额外性指的是如果没有减排提供的激励，项目的减排量不会发生。额外性论证是项目开发的关键，不能合理论证额外性的项目将不能注册为 CDM 项目。针对额外性论证，EB 发布了《额外性论证和评估工具》《基准线识别和额外性论证组合工具》以及《小项目和微型项目的额外性论证指南》等指导文件。一般项目额外性论证的主要步骤包括确认是否属于同类减排技术中的首例（The first-of-its-kind）、研究符合法律法规要求的替代方案、投资分析、障碍分析以及普遍实践分析。小项目活动额外性论证主要围绕障碍分析，只要面临投资障碍、技术障碍、普遍实践障碍或其他障碍中的一种即可认为具有额外性。此外，为了降低额外性论证所带来的不必要成本，EB 还针对特定的各方公认面临障碍的技术和项目类型，总结了无须论证额外性的小型项目活动类型清单。微型项目的额外性论证比较简单，第一个采用某类技术的项目即自动具有额外性。

基准线情景识别和额外性论证是两个相关联但又不同的内容，两者实际上形成了相互交叉验证。每个 CDM 方法学都包括了进行基准线情景识别和额外性论证的具体步骤。

（三）项目运行的监测

为了准确量化 CDM 项目产生的减排量，需要对项目的运行进行监测。项目参与方应根据相关方法学要求制定配套的监测计划，一个项目注册成功，则意味着对应的 PDD 文件中的监测计划也得到了批准，项目参与方必须严格按照其要求对项目运行进行监测。如因某些原因无法执行，可以申请对监测计划进行修订，但修订需要得到 DOE 和 EB 的批准。完成一个周期的监测后，项目参与方需要编写监测报告并提交 DOE，请其对项目减排量进行核查。

监测计划的编制是否合理，监测计划是否得到了严格实施，这些都会影响项目减排量的最终签发。监测计划应当根据方法学的要求，规定所需数据、参数和相应的监测技术要求，以确保项目参与方可准确收集相关参数并据此计算减排量。由于监测计划是减排量核查的依据，因此必须兼具严格性和可行性。不严格按照监测计划对项目的运行情况进行监测可能会导致项目减排量签发周期的延长甚至是减排量签发失败。

（四）可持续发展效益评估

《京都议定书》要求 CDM 项目必须促进东道国的可持续发展，因此，项目参与方必须在 PDD 中明确说明项目满足这一要求的原因，而东道国 DNA 在签发项目的批准信时，也会评估项目是否能够协助其实现可持续发展并需要在批准信中进行正式确认。

CDM 项目的可持续发展效益评估完全是东道国的内部事务。但为了帮助东道国 DNA 更好、更方便地对项目可持续发展效益进行评估，EB 制定了可持续发展评估工具，供东道国自主选择使用，工具中提及的可持续发展效益主要包括空气质量、自然资源、教育水平、能源转换、土壤质量和污染、创造工作机会、福利水平、技术转移、水质量、健康安全、经济增长以及国际收支等方面。

该评估工具旨在更加透明地展示 CDM 项目的可持续发展效益，回应有关利益相关方对部分 CDM 项目缺乏可持续发展效益的质疑，进而提高 CDM 项目的信誉。项目参与方也可参考该工具自行报告 CDM 项目的可持续发展效益。

三、CDM 的技术规则

CDM 的技术规则除了确保 CDM 项目标准化和减排量高质量以外，也是宝贵的国际公共资产，被其他减排体系大量借鉴和采纳。CDM 下的技术规则文件主要包括标准（Standards）、程序（Procedures）、工具（Tools）、指南（Guidelines）、澄清（Clarifications）、表格（Forms）、信息通告（Information notes）和规则通告（Ruling notes）等内容。截至 2019 年 5 月（UNFCCC, 2019），各类文件的发布情况如表 2-1 所示。

表 2-1　CDM 的主要技术规则文件

文件类型	内容及数量
标准	管理类 1 项、认可类 2 项、方法学类 216 项、项目周期类 4 项
程序	管理类 9 项、认可类 2 项、方法学类 4 项、项目周期类 4 项
工具	通用类 1 项、大小项目方法学类 31 项、造林和再造林方法学类 10 项
指南	标准基准线指南 3 项、大方法学指南 23 项、小方法学指南 11 项、造林再造林指南 5 项、碳捕集指南 1 项、项目周期指南 5 项
澄清	大方法学类澄清 12 项、小方法学类澄清 4 项、造林和再造林类澄清 7 项
表格	管理类 1 项、认可类 35 项、方法学类 34 项、项目周期类 30 项、PoA 类 27 项、CPA 类 11 项
信息通告	管理类 8 项、工作计划类 3 项、认可类 36 项、方法学类 9 项、项目周期类 15 项
规则通告	认可类 1 项、方法学类 1 项、项目周期类 179 项

CDM 方法学是 CDM 技术规则中最重要的内容，也是 CDM 项目开发的关键依据，截至 2019 年 5 月，EB 已批准的方法学共计 228 个，按照类型分类如下：

①大型项目方法学（AM）96 个；

②整合方法学（ACM）25 个；

③小规模项目方法学（AMS）103 个；

④大型造林再造林项目方法学（AR-AM）1 个；

⑤造林再造林整合方法学（AR-ACM）1 个；

⑥小规模造林再造林项目方法学（AR-AMS）2 个。

此外，2006～2007 年，即 CDM 发展初期，由于当时可用的方法学较少，CDM 方法学开发和批准较多，提交新方法学申请 57 和 51 个，批准个数均为 24 个。2009 年，新方法学建议大幅度减少至 28 个，批准 5 个；2013 年提交 8 个，批准 5 个；2014 年及以后，每年提交方法学申请不超过 2 个，2017 年和 2018 年无新方法学申请（图 2–1）。近些年新方法学建议大幅度减少的原因主要是开发新方法学的需求不强，一方面 CDM 项目开发数量大幅下降，另一方面已经批准的方法学基本上覆盖了现有的减排领域。

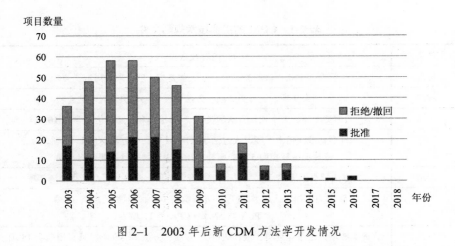

图 2-1　2003 年后新 CDM 方法学开发情况

　　已经批准的 CDM 方法学的行业分布情况如图 2-2 所示，其中部分方法学适用于多个行业领域。

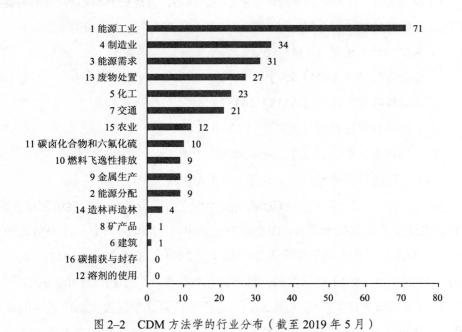

图 2-2　CDM 方法学的行业分布（截至 2019 年 5 月）

　　可以看出，EB 发布的方法学主要集中在能源工业中，其次是废物处置、化工、农业和交通等行业。虽然批准的 CDM 方法学数量较多，涵盖了减排活动中的绝大多数领域，但应用主要集中在几个有限的方法学，多数批准的方法学由于潜在项目数量较少以及本身局限，具体应用较少。

　　根据 UNEP Risoe 统计，截至 2019 年 5 月，所有 CDM 方法学的全球应用次数共计 13 576 次，其中来自中国项目的应用次数共计 5 267 次，包括已注册项目、中止项目和被拒绝项目；有 15 个方法学被 100 个以上注册项目应用，有 18 个被 50～99 个注册项目应用，有 31 个被 10～49 个注册项目应用，有 89 个被 1～5 个注册项目应用，尚有 63 个方法学未被任何注册项目应用。

表 2–2　中国 CDM 方法学在全球应用统计

方法学	全球应用次数	全球应用比例（%）	中国应用次数	中国应用比例（%）	方法学名称
ACM0002	4 161	30.6	2 725	51.7	可再生能源并网发电
ACM0012 和 ACM4	656	4.8	424	8.1	废能回收利用
ACM0006	416	3.1	110	2.1	生物质废弃物并网发电
ACM0001	366	2.7	65	1.2	垃圾填埋气项目
ACM0008	179	1.3	165	3.1	回收煤层气、煤矿瓦斯和通风瓦斯用于发电、动力、供热和/或通过火炬或无焰氧化分解
AM0025	143	1.1	61	1.2	改变垃圾处理方式，避免有机垃圾的温室气体排放
AMS-I.D.	3 217	23.7	50	0.9	联网的可再生能源发电
AMS-I.C.	703	5.2	108	2.1	用户使用的热能，可包括或不包括电能
AMS-III.Q.	146	1.1	5	0.1	废能回收利用（废气/废热/废压）项目

部分方法学被较多应用的主要原因在于减排潜力大、面向的潜在项目个数多、项目类型简单，单个项目的年减排量大、易于额外性论证等，因此对于市场参与者具有较强的吸引力。而部分方法学未应用或被较少应用的主要原因在于方法学本身过于复杂导致可操作性较差，或针对的技术或者项目减排规模小，或相关项目的减排成本较高，因而对市场吸引力较差。

第二节　我国的 CDM 合作

无论从注册项目数量还是签发的减排量来看，我国都是全球最大的 CDM 项目东道国，在全球 CDM 发展过程中起着举足轻重的作用。我国参与 CDM 合作的进程可以很好反映 CDM 国际市场的发展。

一、全球 CDM 项目开发

全球 CDM 项目的开发较多，但注册成功的比例较低，获得签发的比例更低。根据 UNEP Risoe 统计，截至 2019 年 5 月，全球正式提交申请的 CDM 项目数量为 11 364 个，其中注册成功 7 805 个，占申请数量的 69%。注册成功的项目中，已经获得减排量签发的有 3 175 个，仅占注册成功项目比例的 41%（UNEP Risoe, 2019; UNFCCC, 2019）。在全球提交申请的 CDM 项目中，最终真正获得签发收益的项目不到 30%。

从区域分布来看，获得收益的 CDM 项目分布主要集中在少数几个国家。截至 2019 年 5 月，获得签发的 CDM 项目分布在全球 91 个国家，覆盖亚洲、欧洲、非洲、北美洲、南美洲和大洋洲，已经签发的核证减排量累计达到 20 亿吨 CO_2e，其中中国、印度、韩国、巴西和墨西哥五个国家的签发量占全球比例分别为 55%、13%、9%、7% 和 2%，合计 86%。

从获得签发的项目类型来看，主要集中在可再生能源、甲烷、提高能效和 HFCs/N$_2$O 四个类型，项目个数占比分别为 70%、15%、8% 和 3%，总计 96%，而 CER 签发量占比分别为 34%、15%、7% 和 33%，总计 89%。如图 2-3 所示。HFCs/N$_2$O 类项目尽管数量较少，但单个项目的减排规模较大，因而签发量占比较高。

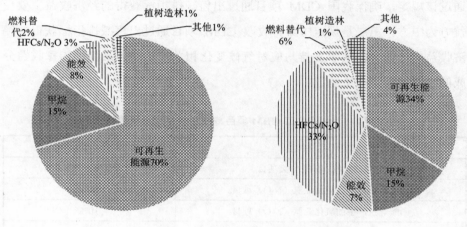

图 2-3　CDM 项目数量占比（左）和 CER 签发量占比（右）

从全球范围来看，CDM 项目的地区和类型分布极不均衡。CDM 项目潜力取决于东道国的减排潜力，项目主要依靠东道国国内进行投融资，并且项目开发需要东道国具有稳定、透明、持续的投资和 CDM 政策。相关地区的减排潜力、减排成本、政策的稳定性和透明性等要素对市场吸引力影响较大。

二、我国 CDM 项目开发

（一）国内的 CDM 管理规则

为了对国内的 CDM 项目开发进行透明高效的管理，保证 CDM 项目的有序推进，我国 CDM 主管部门先后制定了 2004 年、2005 年和 2011 年三个版本的 CDM 管理规则，具体规定了我国 CDM 项目实施的优先领域、许可条件、管理和实施机构、实施程序以及对不同类型 CDM 项目收益的国家分配等，为在国内开展 CDM 项目开发奠定了坚实的制度基础。

我国的 CDM 管理规则，在两个方面具有鲜明的特点。第一是关于 CDM 项目实施机构的资质要求，规定必须是中国境内的中资或者中资控股企业。通过该规定，确保我国 CDM 项目通过出售减排指标获得的经济收益主要受益方为中方。第二是规定国家将收取 CDM 项目通过出售减排指标获得的经济收益的一部分，用于支持与应对气候变化相关的活动，最新的国家收益分成的比例如表 2–3 所示。

表 2–3　国家收取 CDM 项目减排量转让交易额的比例

CDM 项目类型	国家收取比例
氢氟碳化物（HFC）类项目	65%
己二酸生产中的氧化亚氮（N_2O）项目	30%
硝酸等生产中的氧化亚氮（N_2O）项目	10%
全氟碳化物（PFC）类项目	5%
其他类型项目	2%

（二）我国 CDM 项目开发

截至 2019 年 5 月，中国注册成功的 CDM 项目共计 3 760 个，占全球的 45%；获得签发的 CDM 项目为 1 585 个，占全球的 50%；实际的 CER 签发量为 10.85 亿吨，占全球的比例为 55%。我国 CDM 项目的 CER 年度签发量如图 2–4 所示。

2005 年《京都议定书》正式生效后，我国 CDM 的项目开发快速发展。2012 年《京都议定书》第一承诺期结束后，部分发达国家缔约方宣布将不批准第二承诺期，作为 CER 最主要需求市场的 EUETS 也收紧了 CER 的使用数量和项目类型限制，这导致国际 CDM 市场在 2012 年之后迅速低迷。

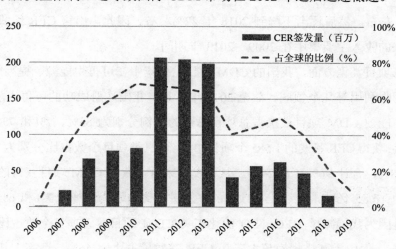

图 2-4　我国 CDM 项目的 CER 签发量及其占全球签发总量的比例

　　由于 CDM 项目从申请注册到签发大约需要 1～2 年时间，加之项目开发相关的大部分交易成本已经发生，因此尽管国际市场发生了形势变化，项目业主一般会选择走完整个项目开发流程以期保留未来获得减排收益的可能性。因此，我国 CDM 项目的减排量签发可以大致分为 2011 年之前、2011～2013 年以及 2013 年以后三个阶段，三个阶段的签发量呈现出由低到高再到低的明显趋势。

　　从 2006 年开始，我国早期开发的 CDM 项目开始陆续获得减排量签发，并于 2011 年达到峰值，签发量为 2.07 亿吨二氧化碳当量，这一高位持续到2013 年。2013 年以后，欧盟限制等国际市场因素的影响开始显现，导致我国CER 签发量大幅度降低。2014～2017 年，我国 CDM 项目每年获得签发的 CER数量大体在 4 000 万～6 000 万，只有高峰期的 1/4 左右；2018 年的签发量为1 600 万吨；2019 年上半年则不到 50 万吨，项目减排量的签发几乎完全停滞。

　　从占全球的比例来看，我国 CDM 项目的签发量从 2006 年占全球 5%，

2007 年的 32%，逐渐升高到 50%～70%之间，2010～2012 年达到峰值，占全球 2/3 左右，然后逐渐下降到 2018 年 22%左右。因此，出售 CER 给我国企业带来的收入主要集中在 2009～2013 年期间。

在项目类型方面，我国的 CDM 项目主要集中在可再生能源、提高能效、甲烷回收利用等几个领域。截至 2019 年 5 月，我国注册成功的可再生能源、甲烷、能效 CDM 项目数量占总项目总数的比例分别为 83%、7%和 7%，合计 97%；获得 CER 签发的 1 585 个项目中，上述三类项目个数占比分别为 81%、7%和 8%，合计 96%（表 2–4）。从签发量来看，我国 CDM 项目获得的签发总量为 10.85 亿吨，上述三类项目的签发量占比分别为 37%、7%和 6%。这主要是因为我国减排 HFCs/N$_2$O 的化工类 CDM 项目尽管项目个数占比仅为 2%左右，但由于减排规模超大，其 CER 签发量占比为 46%，远高于其项目数量占比。实际上，国际上对减排 HFC23/N$_2$O 的 CDM 项目争议较大，很多发达国家的研究机构和主管部门认为此类项目可持续发展效益差，且存在可能为了减排而实际增产的可能。

表 2–4　我国获得 CER 签发的 CDM 项目

类型	注册项目数量	获签发项目数量	签发量（百万个 CER）
可再生能源	3 139	1 290	404
甲烷	266	113	79
能效	248	119	63
HFCs/N$_2$O	59	32	496
燃料替代	32	24	40
植树造林	5	2	1
其他	11	5	1
总计	3 760	1 585	1 085

我国 CDM 项目的区域分布差异明显。区域资源禀赋和能源投资对 CDM 项目的区域分布起决定因素（游达明，2016；赵领宏，2016）。截至 2019 年

5 月，中国注册成功 CDM 项目数量最多的五个省份依次是四川（364 个）、云南（363 个）、内蒙古（354 个）、甘肃（236 个）和山东（188 个），占我国注册成功的 CDM 项目总数的 40%左右（UNEP Risoe, 2019; UNFCCC, 2019）。其中云南、四川、甘肃的 CDM 项目主要集中在水电项目，内蒙古主要集中在风电项目，山东主要集中在风电和废弃能源发电项目，这与各地的资源禀赋、工业基础、CDM 项目开发潜力基本一致。

三、国际环境变化的影响

国内 CDM 项目的开发主要由国际市场需求推动，因此，国际环境的变化直接影响国内 CDM 项目的开发，主要包括国际碳市场需求的变化和国际气候谈判进展两个方面。

（一）国际碳市场需求的变化

对 CDM 项目减排量的需求主要来自于两个方面：一是发达国家在《京都议定书》下的履约需求，二是自愿减排市场的需求。由于非强制性，自愿市场对 CDM 项目减排量的需求规模总体有限，因此，对 CDM 项目减排量的需求主要来自于发达国家在《京都议定书》下的履约需求。以欧盟和日本为代表的发达国家为了以较低成本履行其在《京都议定书》第一承诺期（2008～2012 年）的量化减排义务，积极购买 CDM 项目所产生的减排量，这是 2012 年前 CDM 项目减排量的最主要需求来源。

由于《京都议定书》第二承诺期 （2013～2020 年）迟迟未生效[①]，部分发达国家如日本明确宣布不批准《京都议定书》第二承诺期。由于发达国家

---

① 截至 2020 年 6 月 15 日，共有 139 个缔约方批准了《京都议定书》第二承诺期，尚未达到生效所需的 144 个缔约方。

第二承诺期的减排目标为各国自主确定、缺乏力度，且 EU ETS 不再允许使用来自最不发达国家以外国家 2012 年后的 CDM 减排量，因此国际市场对中国 CDM 项目减排量的需求大幅减小，基本可以忽略不计。

从买家角度看，全球 CDM 项目减排量的国际买家超过 650 家，其中购买减排量涉及 CDM 项目数量最多的 20 家主要来自于英国（7 家）、瑞士（3 家）、瑞典（2 家）、德国（2 家）、爱尔兰（2 家）和日本（1 家）六个国家，通过这 20 家购买的 CDM 项目个数分别为 1 272、515、455、254、215 和 102 个，占全球 CDM 项目注册总数的 40%左右。这些国际买家有些是减排量的最终需求方，有些是碳市场的中间商，但客观上都为全球碳减排资源的优化配置作出了贡献（UNEP Risoe, 2018; UNFCCC, 2019）。

从方法学角度看，针对 HFC23 分解项目的方法学已日趋严格。按照 2011 年 11 月修改的最新方法学，同样的 HFC23 减排项目，合格减排量将比修改前减少约 65%。EU ETS 自 2013 年 4 月 30 日后也不再允许使用来自 HFC23 分解项目的减排指标。考虑到从提交 CDM 项目申请到签发 CER 等环节需要比较长的时间，HFC23 分解 CDM 项目的开发实际上在 2012 年年底前就结束了（王学军，2013；李望昌等，2015）。

（二）国际气候谈判进展

CDM 的市场需求一方面来自于当前满足义务的减排需求，另一方面来自于对未来减排需求的前景预期，而后者往往取决于国际谈判结果与国际经济形势的影响。一方面，从国际谈判的结果来看，虽然《京都议定书》缔约方会议关于第二承诺期的谈判早在 2005 年就开始了，并在 2012 年的多哈会议上通过了《多哈修正案》，正式确定了第二承诺期的相关规则，使得 CDM 得以延续发展，但第二承诺期与第一承诺期相比，在法律性质、减排目标、灵活机制使用、实施阶段等方面均发生了较大变化。因此，国际市场对 CDM 项目减排量的需求大幅度下降。另一方面，从国际经济形势来看，从 2008 年的全球经济危机到 2011 年欧盟的债券危机，发达国家的经济疲软也客观上导致了其减排目标完成的难度下降，进而出现对 CDM 减排量的需求下降。

此外，CDM 项目的区域均衡分布也备受关注，《京都议定书》缔约方会议要求提高 CDM 的一致性和公平性，着重解决项目区域分布不均衡问题，并给予注册项目的数量少于 10 个的国家一定的特殊待遇和优先政策（段茂盛等，2010）。因此，在 2013 年后我国成功注册的 CDM 项目数量和 CER 签发量急剧下降，出现几乎停滞的状态。

第三节　CDM 对我国的影响

参与 CDM 国际合作对我国应对气候变化工作产生了显著的影响，可再生能源行业等产业获得了可观的经济收益从而促进了行业发展，同时显著提升了主要利益相关方应对气候变化的意识和能力，为我国自愿减排市场和 ETS 市场的发展奠定了坚实基础。

一、对行业和地区发展的影响

（一）对企业的影响

截至 2019 年 5 月，我国 CDM 项目累计获得的 CER 为 10.85 亿（UNFCCC，2019），部分企业通过开发 CDM 项目有效提高了经济效益，通过出售 CER 给企业带来的收入主要集中在 2009～2013 年。

龙源电力公司、北京京能清洁能源电力公司、浙江巨化公司等上市公司通过开发 CDM 项目提高了企业绩效。龙源电力公司累计成功注册 CDM 项目 190 个（其中风电项目 181 个、生物质发电项目 5 个、太阳能发电项目 4 个），项目装机容量达 9 878MW，2009～2012 年期间累计获得减排收益达 21 亿元

人民币，占公司同期营业收入的 4%（龙源电力，2014）。北京京能清洁能源
电力公司累计成功注册 CDM 项目 33 个，2010～2012 年期间累计获得减排收
益 7 亿元人民币，占公司同期营业收入的 6%（北京京能，2014）。浙江巨化
公司于 2006～2007 年建成两套 CDM 装置，每年可分解 1 070t HFC23，2009～
2013 年期间累计转让了 4 368 万个 CER，获得收益 9 亿元人民币，占公司同
期营业收入的 3%（浙江巨化，2015）。

（二）对行业发展的影响

通过提高风电、水电、光伏、生物质发电等项目的投资回报率，CDM 支
持了我国可再生能源行业的快速发展，并对高耗能行业的节能减排起到了积
极的推进作用。由于我国开发的 CDM 项目主要集中于新能源、可再生能源、
节能和提高能效等领域，CDM 事实上成为了推动风电行业发展的重要因素
（Zhao et al., 2014），对中国政府制定的风电促进政策起到了辅助作用（张晶
晶等，2014），而减排收益为风电业主带来额外的经济收益，也是推动风电快
速发展的重要因素（Zhao et al., 2014）。以 20 个垃圾焚烧或者垃圾填埋项目
为例进行的成本效益分析表明，CER 收益在该类项目的收益中占据较大比例，
有利于降低该类项目对政府财政补贴的依赖（Wang et al., 2016）。例如，通过
CDM 项目及其 CER 收益，可以推动建筑节能的发展，克服建筑节能面临的
障碍（Zhou et al., 2013）。

截至 2012 年底，我国共有 1 452 个风电 CDM 项目在联合国成功注册，
占全球风电 CDM 项目总数的 66%。2010～2012 年是我国风电 CDM 项目快
速增长期，三年成功注册的风电 CDM 项目数量分别为 180 个、268 个、860
个。风电 CDM 项目产生的减排量收益，使项目具有较强的财务吸引力，加
快了风电项目的建设，同时促进了风电信息和风机技术的扩散，带动了我国
风电的发展。

HFC23 分解 CDM 项目的实施使我国 HFC23 的排放在 2007～2012 年间

大幅削减，也为我国 HFC23 减排积累了丰富的技术和经验。我国共成功开发了 11 个 HFC23 分解 CDM 项目，涉及 10 个企业、15 条生产线和 26 万 t/a 的 HCFC22 产能（刘侃等，2016）。HFC23 分解项目具有单个项目减排量大、投资回报率高的特点，为相关企业带来了高额收益。然而由于 2013 年后国际碳市场对 HFC23 减排量需求减少，使 HFC23 减排 CDM 项目无法继续执行，此后我国企业进行 HFC23 减排的积极性大幅下降。

实施 CDM 项目显著提高了火电企业的经营绩效，使得火电企业的总资产净利润率[①]平均增加了 2%；实施 CDM 项目对水泥行业的经营绩效也产生了正向影响，使得样本水泥企业的总资产净利润率平均增加 2%；实施 CDM 项目对钢铁行业没有产生显著的正向影响，当钢铁企业经营状况较差时，如果投入大量资源开发 CDM 项目反而会使企业经营状况恶化（贺胜兵等，2015）。

（三）对低碳技术转移的影响

低碳技术转移是指以减缓和适应气候变化为目的，在不同利益相关方之间进行的技术、经验传授与设备转让过程（IPCC，2000）。低碳技术在减缓和适应气候变化方面发挥着至关重要的作用。CDM 项目合作除了提供资金转移外，部分也涉及发达国家向发展中国家进行的低碳技术转移。一般而言，CDM 项目开发者应充分考虑低碳技术转移的必要性、可行性、来源、收益、风险等问题，并且需将有关信息明确编入项目设计文件，严格参照实施。

我国 CDM 项目对低碳技术向我国转移起到了一定作用，但对核心技术转移的促进作用有限。我国 73% 的 CDM 项目不涉及任何形式的技术转移。而在包含技术转移的项目中，46% 的项目仅限于机器设备的引进；7% 的项目仅包括纯粹的知识、技术诀窍的传授；其余 47% 的项目同时包含上述两种形

---

① 企业在一定时期内的净利润除以总资产得到的百分比率。

式的技术转移，但这些项目大多先引进机器设备、继而获得初级操作技能培训，往往不涉及专业知识共享、技术诀窍公开、专家经验传授等深层次技术转移。可见，在我国为数不多的包含技术转移的项目中，技术转移主要依赖于甚至仅限于机器设备的引进，企业从中获得先进低碳技术的可能性与效果有限（Wang, 2010; Zhang *et al.*, 2015）。以我国 2007～2012 年期间获得 CER 签发的 754 个 CDM 项目为样本进行的实证分析表明，项目设计文件（PDD）中声明存在技术转移的 CDM 项目中，90%技术转移仅仅是设备进口及对应培训。

技术转移发生的比例随着 CDM 项目规模、类型、CERs 收益、所在地、专业化程度等因素而有所不同。有研究指出，我国 36%的大型项目中包含技术转移，而小型项目中仅有不足 4%涉及技术转移；新能源和可再生能源类项目中，涉及技术转移的不足 20%，而温室气体类减排项目中技术转移发生的比例却高达 73%；能效类项目亦有半数以上包含技术转移（罗堃等，2011）。也有研究认为，在项目设计文件中声明存在技术转移的我国 CDM 项目中，90%技术转移是设备进口或者培训，而技术转移最可能出现在大规模减排项目和高减排收入项目中，比如 HFC23 和 N_2O 分解项目，而不是可再生能源项目（Zhang *et al.*, 2017）。

区域分布方面，分布于发达、中等发达和欠发达 3 组地区的项目中，技术转移发生的概率依次递减，分别约为 47%、28%、11%（罗堃等，2011）；申明存在技术转移的项目更多位于技术能力较弱、能源消费较低、经济相对落后的地区（Zhang *et al.*, 2017）。

（四）对扶贫和就业的影响

CDM 要求项目为东道国的可持续发展带来贡献，包括消除贫困、促进农村发展和增加就业等。实践表明，在我国农村地区开展的 CDM 项目对贫困人口脱贫起到了一定的帮扶作用。以湖北恩施州沼气 CDM 项目为例，该项目是世界银行 2009 年开始在我国六个省份实施的生态家园项目之一，也是其中唯一的 CDM 项目，共有 3.3 万贫困户参与。评估显示，该项目产生了显著的经济效益、生态效益和社会效益，明显改善了农户的收入、健康、生活环境。经济效益方面，贫困户在化肥和农药支出方面减少了 222 元，在燃料方面的支出比非项目户少了 293 元；生态效益方面，饮用水质量、厨房空气质量、人畜粪便处理等都得到了明显改善；社会效益方面，沼气项目的实施使得贫困户家庭中主要炊事人员和儿童的健康状况得到了改善（邵源春等，2017）。

CDM 项目总体上增加了我国的就业。使用投入产出方法对我国 CDM 项目的分析表明，截至 2011 年注册成功的电力 CDM 项目减少了直接就业机会 10 万个左右，但同时增加了间接就业机会 300 万个左右。从项目类型来看，水电项目减少了就业机会 90 万个，而风电、燃料替代、生物质和光伏项目分别增加了就业机会 208 万、158 万、16 万和 6 万，其中光伏项目单位发电量增加的就业机会最高（Wang *et al.*, 2013）。

（五）对中国清洁发展机制基金的影响

中国清洁发展机制基金（简称 CDM 基金）是由国家批准设立的政策性基金，其初始资金来源于我国政府从 CDM 项目减排收入中获得的收益分成。2012 年以前，CDM 基金的收入主要来自我国的 CDM 项目分成，累计收入达到 131 亿元。2012 年以后，由于我国 CDM 项目的开发数量减少，来自 CDM 项目的分成收入迅速减少，基金运营收入已成为 CDM 基金的主要收入来源。截至 2017 年，CDM 基金已累计收入 179 亿元（中国清洁发展机制基金，2017）。

CDM 基金通过赠款方式支持了国家、地方和行业应对气候变化政策的制定、试点示范、公共宣传和国际合作等活动。截至 2017 年 12 月 31 日，CDM 基金已累计安排赠款资金 11 亿元，支持赠款项目 523 个（图 2–5）。

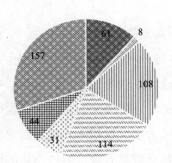

- ▨ 气候变化的影响和适应
- ▨ 碳市场机制研究
- ▥ 推动低碳发展
- ▢ 支持地方编制和实施应对气候变化规划
- ▢ 提高公众应对气候变化意识
- ▤ 支持国际谈判和国际合作
- ▨ 开展应对气候变化法律、战略和政策研究

图 2-5　2008～2017 年 CDM 基金赠款项目的支持领域分布

CDM 基金通过有偿使用的方式支持了有利于产生应对气候变化效益的产业活动。截至 2017 年 12 月 31 日，CDM 基金审核通过了 265 个委托贷款项目，覆盖全国 26 个省级区域，安排贷款 163 亿元，带动社会资金 898 亿元，项目总预期年碳减排潜力超过千万吨 CO_2e（图 2-6）。

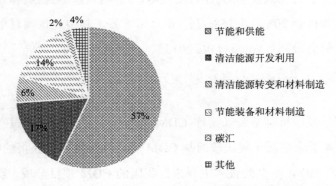

- ▨ 节能和供能
- ■ 清洁能源开发利用
- ▧ 清洁能源转变和材料制造
- ▢ 节能装备和材料制造
- ▨ 碳汇
- ▥ 其他

图 2-6　2011～2017 年 CDM 基金贷款支持领域分布

二、对应对气候变化意识和能力的影响

CDM 除了促进合作减排，还是一项优秀的教育计划，显著提高了政府、排放企业、第三方机构等主要利益相关者应对气候变化的意识和能力，也提升了公众应对气候变化的认识水平。

对于气候变化问题有基本的认识是有效参与 CDM 合作的基础。从 2001 年开始，在 CDM 项目的开发过程中，我国与 CDM 项目开发的相关各级政府部门、众多研究机构、行业协会和企业等举办了数量众多的 CDM 能力建设培训活动，关于气候变化问题以及应对气候变化政策措施的介绍是这些培训活动的重要内容。同时，CDM 项目开发中也要求进行利益相关方咨询，因此项目业主也组织了大量的能力建设和咨询活动。这些活动一方面极大增强了各级主管部门、企业、研究人员和普通公众参与应对气候变化和碳市场的意识，另一方面也带动了一批第三方咨询服务机构的成立，极大提高了这些机构识别和实施温室气体减排项目的技术能力。

除了来自于我国各级财政及相关机构的资金支持外，应对气候变化意识的提高和能力建设也得益于我国与多个国家合作开展的 CDM 能力建设项目。例如，2004~2005 年，联合国开发计划署（UNDP）、联合国基金会（UNF）、挪威政府和意大利政府资助了在我国开展的 CDM 能力建设项目，重点支持关于 CDM 政策的研究、培训、示范项目等方面的活动；2006~2009 年，丹麦政府通过中丹生物质能 CDM 省级能力建设项目支持了我国政府在贵州、新疆、湖南 3 个示范省开展 CDM 能力建设活动；2007~2010 年，中国-欧盟清洁发展机制促进项目开展了一系列的能力建设、技术交流和培训等活动。

三、对我国国内碳市场发展的影响

参与 CDM 合作显著提高了我国应对气候变化的意识和能力，为我国减排项目开发提供了宝贵的经验，也为我国碳市场建设培养了一大批技术人才。以 CDM 项目收入为基础成立的中国清洁发展机制基金，对我国国内碳市场的发展也起到了支持作用。同时，CDM 的制度架构及其技术规则，为我国国内碳市场的制度设计提供了有益的参考。

2012 年起，在 CDM 逐渐失去作为我国减碳驱动力的主导地位后（Li，2012），我国通过参与 CDM 累积的相关技术能力为我国国内碳市场的设计和运行做出了巨大贡献。CDM 为我国发展国内碳市场奠定了坚实的基础，如果没有 CDM，我国国内碳市场的发展就不会如此迅速。

2012 年起 CDM 机制停滞形成减排机制空缺的局面，促进了我国国内减排体系的形成（Lo *et al.*，2017）。2012 年 6 月，国家发展和改革委员会发布了《温室气体自愿减排交易管理暂行办法》，明确建立我国的国家自愿减排市场。我国的 CCER 机制在诸多方面借鉴了 CDM 的制度和模式。首先，其申请审核流程与 CDM 的流程十分类似，由申请、备案、审定、签发等步骤组成。其次，CCER 方法学大量采纳或者参考了 CDM 方法学。例如，我国第一批公布的 26 个常规项目 CCER 方法学、26 个小型项目 CCER 方法学，第三批公布的 69 个常规项目 CCER 方法学、52 个小型项目 CCER 方法学均是从 CDM 方法学翻译过来的。

第四节　CDM 发展面临的挑战

全球和国内的 CDM 市场在 2013 年后进入了非常低迷的阶段。除了市场对 CDM 项目减排量需求降低之外，CDM 的发展还面临着包括对 CDM 项目是否可真正促进当地可持续发展的质疑，以及与《巴黎协定》下新市场机制的衔接等关键挑战。

一、市场需求持续低迷

对 CDM 项目减排量需求的持续降低影响 CER 价格大幅下降，导致 CDM 项目业主和潜在业主的减排动力下降，而减排收入的下降也会削弱私营和公共部门采取减排行动的能力。2012 年 12 月 31 日之前获得 CER 签发的项目中，有大约 41% 的项目在 2012 年之后未再申请减排量签发。

与此同时，CDM 项目活动的减少对该机制下之前建立起来的基础设施和技术框架产生了明显的负面影响。例如，全球的 DOE 数量已经从高峰时期的 50 多家减少到目前的 30 家左右，从事 CDM 项目审定与核查的人员也在显著减少（UNFCCC, 2018），第三方机构的技术能力流失严重。

CDM 项目活动的减少也导致之前建设起来的相关知识能力和体制能力正在逐渐减弱。项目开发者、DOE、指定国家主管机构和秘书处内所建立起来的技术和管理能力可能流失，从而导致现有减排项目的运行可能中断，低成本减排机会可能被错过。

对 CER 需求的不足还可能导致人们对碳市场失去信心，特别是为 CDM 发展投入了很多资金和精力的私营部门参与方，为 CDM 投入了宝贵时间和资源的发展中国家 DNA，以及帮助建设 CDM 并为其不断完善作出贡献的其他利益关系方。一旦失去以上各方的参与和能力，以后想重建 CDM 市场或者碳市场就比较困难。

目前来看，CDM 的需求主要来自部分发达国家完成减排目标的需求以及国际民航组织（ICAO）将于 2021 年推出的《国际航空碳抵消和减排计划》（Carbon Offsetting and Reduction Scheme for International Aviation, CORSIA）可能产生新的需求，但一方面这些需求可能比较有限，另一方面这些需求都对具体的项目类型、东道国或者项目开展/减排量签发时间有各种限制，因此 CDM 市场中，不同特质的减排指标可能面临不同的需求。此外，CDM 也将面临其他一些类似减排机制的竞争，比如 CORSIA 下合格的减排指标可以也来自 CDM 之外的多个减排机制。

二、CDM 项目可持续发展效益的评估

CDM 设立的重要目的是促进东道国的可持续发展。虽然可持续发展是全球普遍支持的发展目标，但是目前尚没有各方都认可的具体评价体系。

一般认为，CDM 项目的可持续发展效益可以使用经济效益、环境效益和社会效益三个指标进行评价。具体而言，经济效益指标包括经济收入、CER收益、就业机会和扶贫效益；社会效益指标包括技术转移、区域发展、公众参与、工作技能培训、基础设施改善、提升妇女儿童社会地位和自然资源保护；环境效益指标包括常规污染物减少（包括噪声污染）、清洁能源利用和室内健康效益等。

基于 4 000 多个 CDM 项目的数据分析表明，CDM 总体促进了当地的经济发展和可持续发展，其对当地最显著的贡献包括通过扶贫和创造就业促进当地经济发展，减少环境污染，推广可再生能源和改善能源获取方式等。CDM在促进气候友好技术的转移、当地技术专家的培养和能力建设方面也有所贡献。CDM 项目对当地可持续发展的促进作用与项目类型密切相关，不同项目类型具有不同影响。

关于一个 CDM 项目是否促进可持续发展的评价方法，发展中国家和以欧盟为代表的部分发达国家立场差异显著。发展中国家认为评价一个项目的可持续发展效益是东道国的主权，不需要国际层面强制性的评估指南或指导意见，更不需要在国际层面对具体项目的可持续发展效益进行评估，但欧盟等发达国家认为需要为评价 CDM 项目的可持续发展效益设立专门指南，认为 CDM 项目业主应就此进行定期报告，并多次在《京都议定书》的缔约方会议上提出此类建议。作为一种折中方案，EB 开发了评价 CDM 项目可持续

发展效益的工具，供项目参与方自愿使用。①

三、与《巴黎协定》下市场机制的衔接

《巴黎协定》的生效，意味着全球气候治理进入了一个新的阶段，而《京都议定书》代表的全球气候治理模式将成为历史，规定了发达国家在《京都议定书》第二承诺期下减排义务的《多哈修正案》终于在 2020 年 12 月 31 日正式生效，②而《京都议定书》也将在第二承诺期的履约义务完成情况评估后正式结束运行。CDM 作为《京都议定书》下的一个灵活机制，其前途与《京都议定书》直接相关。

关于 CDM 在未来一段时间的运行安排，以欧盟为代表的发达国家缔约方和以巴西为代表的部分发展中国家之间在谈判中的立场严重对立。欧盟等一直提议应由缔约方会议做出一个关于 CDM 在 2020 年后停止运行的正式决定，而巴西等国则坚持 CDM 在 2020 年之后应该继续运行。到 2020 年底为止，《京都议定书》的缔约方会议尚未就此问题给出一个明确的指导意见。在执行层面，EB 内部在此问题上也有不同意见。

关于 CDM 在《京都议定书》第二承诺期结束后是否应继续运行，从不同的角度去分析会得出不同的结论。从没有《京都议定书》第三个承诺期这个角度看，CDM 的存在似乎失去了其建立的两个目的之一，即帮助发达国家缔约方实现其温室气体的量化减排义务；从《京都议定书》本身的规定看，CDM 的建立并没有和任何具体的承诺期挂钩，因此能被理解为可以一直运行下去；从操作层面来看，CDM 继续运行需要继续进行 CDM 项目注册和 CER签发，但每一个 CER 都是需要编码的，而编码信息中又包含承诺期信息。

---

① https://www4.unfccc.int/sites/sdcmicrosite/Pages/SD-Tool.aspx.
②《多哈修正案》的批准情况以及生效条件可参见 https://unfccc.int/process/the-kyoto-protocol/the- doha-amendment。

因此，无论是政治指导层面或者具体的操作层面，到 2020 年底为止，缔约方会议尚未就 CDM 在 2020 年后继续运行问题给出一个确定的结论。

为协助缔约方以比较低的成本实现国家自主贡献（Nationally Determined Contribution, NDC）目标并不断提高减排的行动力度，《巴黎协定》第六条建立了两种市场机制，分别是合作方法和可持续发展机制。到 2020 年底为止，缔约方仍未能就两个市场机制的实施细则达成一致，这主要是由于各方在多个关键问题上仍然有非常大的立场差异，包括 CDM 是否以及应如何向《巴黎协定》下的可持续发展机制过渡（陶玉洁等，2020）。

参考文献

Alex Y. Lo, Ren Cong., 2017. After CDM: Domestic Carbon Offsetting in China. *Journal of Cleaner Production*, 141, 1391-1399.

Bo Wang, 2010. Can CDM Bring Technology Transfer to China?—An Empirical Study of Technology Transfer in China's CDM Projects. *Energy Policy*, 38(2010), 2572-2585.

Chi Zhang, Jinyue Yan, 2015. CDM's Influence on Technology Transfers: A Study of the Implemented Clean Development Mechanism Projects in China. *Applied Energy*, 158 (2015), 355-365.

IPCC, 2000. *Methodological and Technological Issues in Technology Transfer*. Cambridge University Press, UK.

UNEP Risoe, 2019. CDM Pipeline overview, http://www.cdmpipeline.org/.

UNFCCC, 2018. Achievements of the Clean Development Mechanism Harnessing Incentive for Climate Action 2001-2018.

UNFCCC, 2019. CDM website, http://cdm.unfccc.int/.

Wang Can, Weishi Zhang, Wenjia Cai, *et al*., 2013. Employment Impacts of CDM Projects in China's Power Sector. *Energy Policy*, 59, 481-91.

Wang Yuan, Shengnan Geng, Peng Zhao, *et al*., 2016. Cost-Benefit Analysis of GHG Emission Reduction in Waste to Energy Projects of China under Clean Development Mechanism. *Resources Conservation and Recycling*, 109, 90-95.

Yifeng Li, 2012. China's Commitments to Carbon Reductions During the 12th Five Year Plan:

From CDM to a Cap-and-Trade Market. *IIIEE Theses*, 2012, 08.

Zhang Y., Y. Peng, C. Ma, *et al.*, 2017. Can Environmental Innovation Facilitate Carbon Emissions Reduction? Evidence from China. *Energy Policy*, 100, 18-28.

ZhenYu Zhao, ZhiWei Li, Bo Xia, 2014. The Impact of the CDM (Clean Development Mechanism) on the Cost Price of Wind Power Electricity: A China Study. *Energy,* 69, 179-185.

北京京能：《北京京能清洁能源电力股份有限公司年度业绩公告》，2014 年。

段茂盛等：《清洁发展机制方法学应用指南》，中国环境出版社，2010 年。

贺胜兵、周华蓉、田银华："碳交易对企业绩效的影响——以清洁发展机制为例"，《中南财经政法大学学报》，2015 年第 3 期。

李望昌、郑文茹、李小舟："全球 HFC-23 CDM 项目执行情况总结"，《有机氟工业》，2015 年第 4 期。

刘侃、郑文茹、李奕杰："中国三氟甲烷处置政策分析及建议"，《气候变化研究进展》，2016 年第 3 期。

龙源电力：《龙源电力集团股份有限公司年度报告》，2014 年。

罗堃、叶仁道："清洁发展机制下的低碳技术转移来自中国的实证与对策研究"，《经济地理》，2011 年第 3 期。

邵源春、储雪玲："农村清洁发展机制益贫效应评价及分析——以世界银行 CDM 项目为例"，《世界农业》，2017 年第 7 期。

王学军："中国氟化工在 CDM 减排方面的挑战与机遇"，《有机氟工业》，2013 年第 4 期。

游达明、刘芸希："中国清洁发展机制项目分布的区域差异性研究"，《生态经济》，2016 年第 5 期。

张晶晶、王克、邹骥："论 CDM 对中国风电发展的影响"，《可再生能源》，2011 年第 2 期。

赵领宏："CDM 清洁发展机制项目开发中的几个关键问题"，《企业改革与管理》，2016 年第 2 期。

浙江巨化：《浙江巨化股份有限公司年度报告》，2015 年。

中国清洁发展机制基金：《2017 清洁基金年报（中文版）》，2017 年。

第三章　自愿减排市场

第一节　国内自愿减排市场的形成

一、国内自愿减排市场产生的背景

自愿减排（Voluntary Emission Reduction）市场是对强制性履约市场的重要补充。对项目业主而言，自愿减排市场为那些因各种原因而无法进入 CDM 市场的减排项目提供了另一个可以获得减排收益的途径；对买家而言，自愿减排市场为其消除碳足迹、实现自身碳中和提供了方便而经济的途径（熊志等，2012）。

从实施目的、实施程序、基本要求、行业分布等方面看，自愿减排项目和 CDM 项目非常类似，但相对减少了部分审批环节，节省了部分费用、时间和精力，提高了开发的成功率，同时也降低了交易过程中的风险。同时，由于认证环节较少、核证成本降低，也使得交易价格下降，因此交易的成功率相应增加（丁丁，2011）。

从交易方式来看，自愿减排市场大致可分为两类：一类是以具有法律约束力减排义务支撑的场内交易市场，例如美国芝加哥气候交易所（CCX）①，另一类则是以不具有法律约束力减排义务支撑的场外交易市场（Over-the-

---

① CCX 采取"自愿（加入）+强制（减排）"模式，要求会员通过减少其自身二氧化碳排放或购买其他会员售出的减排额，来完成具有约束性的减排目标。

Counter, OTC）。无论是场内交易还是场外交易，都需要按照相应的核算标准设定减排指标[①]，才能进行交易（熊志等，2012）。

尽管自愿减排市场在全球碳市场中占比较小，但相比于强制减排市场，其具有参与主体广泛、流程简单、交易成本低等优点，多样化的产品供给也可满足买家的不同需求。因此，自愿减排市场具有独特的优势，在全球碳市场中扮演着重要和不可或缺的角色（丁丁，2011）。

二、CCER 市场的形成

（一）背景

2013 年后由于全球 CDM 市场持续低迷，CER 整体呈现供大于求的态势。中国的注册 CDM 项目数量及 CER 签发量在全球均居于首位，但随着区域政策和市场形势的变化，国际社会偏向于购买最不发达国家项目产生的 CER，在此背景下，我国众多开发中的潜在 CDM 项目需要探索新的消纳渠道（Li, 2012）。同时，我国已经注册的 CDM 项目的运行也需要减排收入的持续支持。

另外，同全球遵循同一套技术标准、使用同一个注册登记系统进行 CDM 项目开发不同，自愿减排市场中呈现技术标准多元化的特点，比如国内的自愿减排项目开发可选择的标准既有国内开发的熊猫标准等，也有国际的黄金标准（Golden Standard）、自愿碳减排标准（Verified Carbon Standard, VCS）、VER+、气候社区和生物多样性标准（The Climate, Community and Biodiversity Standards, CCB）等，而且这些计划都各自有自己独立的项目注册和减排量签发系统，相互之间缺乏信息交互，导致了标准不统一、减排指标重复签发等

---

① 常用国际自愿减排标准包括：自愿碳标准（VCS）、气候行动储备标准（CAR）、芝加哥气候交易所抵消项目标准（CCX）、黄金标准（GS）等，均涉及项目类型、基准线测定方法、额外性判断方法、核查核证方法、注册系统等内容。2009 年，北京环境交易制定了我国首个自愿减排标准——"熊猫标准"。

多个问题。

从国内应对气候变化工作实践来看，2011 年发布的《"十二五"控制温室气体排放工作方案》①明确提出"到 2015 年，我国单位国内生产总值二氧化碳排放要比 2010 年下降 17%"，同时明确将"建立自愿减排交易机制"，包括确立自愿减排交易机制的基本管理框架、交易流程和监管办法，开展自愿减排交易活动。这是中国政府首次正式明确将建立我国国内的自愿减排交易市场。

（二）基本规则

2012 年 6 月，时任国务院气候变化主管部门的国家发展和改革委员会发布了《温室气体自愿减排交易管理暂行办法》②，确立了这一中央政府主导的 CCER 体系的基本规则基础，明确了 CCER 项目的申报、审定和备案，CCER 减排量的核证和备案等的具体流程。由于该体系签发的减排量被命名为"中国核证自愿减排量"（CCER），因此这一体系一般被简称为 CCER 体系。随后在 2012 年 10 月，国家发展和改革委员会又发布了《温室气体自愿减排项目审定与核证指南》，确定了对 CCER 项目进行第三方审查的制度安排，包括对第三方的资质要求以及相关的技术流程和标准。

根据《温室气体自愿减排交易管理暂行办法》，我国境内注册的企业法人均可以申请温室气体自愿减排项目及减排量备案，签发的 CCER 可在经过备案的交易机构内进行交易，国家主管部门负责建立并管理国家自愿减排交易注册登记系统，用于登记自愿减排项目和减排量的批准与备案情况，包括项目基本信息及减排量备案、交易、注销等。与 CDM 下要求申请方必须为境内注册的中资或者中资控股企业不同，CCER 项目对企业参与资

---

①中华人民共和国国务院：《"十二五"控制温室气体排放工作方案》，2012 年。
②国家发展和改革委员会：《温室气体自愿减排交易管理暂行办法》，2012 年。

质的要求更为宽松。

根据相关规定，在 2005 年 2 月 16 日后开工建设且符合以下四个类别的项目可以申请 CCER 项目，分别是：①采用经国家主管部门备案的方法学开发的自愿减排项目，即完全按照 CCER 规则开发的项目；②已获得国家主管部门批准作为 CDM 项目，但未在 EB 注册的项目，即那些不希望继续申请 CDM 资格的项目；③在注册成为 CDM 项目前就已经产生减排量的项目，这实际上只是针对部分减排量；④已经注册为 CDM 项目但尚未获得减排量签发的项目，这实际上允许已经注册的 CDM 项目自主注销注册并申请转为 CCER 项目。为了避免减排量重复签发，已在 CDM 下获得 CCER 签发的减排量不能再申请 CCER 的签发。

实际操作过程中，第二类项目可以将既有的申请 CDM 的技术文件改写为申请 CCER 的文件，并在通过审定后转化为新的 CCER 项目；第四类项目涉及到注销 CDM 项目，而根据 EB 的规定，提出注销申请的材料中需要包括相关缔约方 DNA 出具的不反对函。我国 DNA 一直没有建立这方面的具体规则，因此这类项目申请成为 CCER 项目的可能性一直未真正落实。

CDM 项目申请要求项目开工建设半年内必须进行意向备案，并以此作为论证项目额外性的条件之一，而 CCER 项目则没有这个要求，申请条件相对比较宽松。

CCER 体系建设对提高自愿减排交易的公正性、调动全社会自觉参与碳减排活动的积极性都发挥了重要作用，但也存在个别项目不够规范等问题。为进一步完善和规范 CCER 体系，按照简政放权、放管结合、优化服务的要求，国家主管部门于 2017 年 3 月宣布暂缓受理 CCER 方法学、项目、减排量、审定核证与交易机构的备案申请[1]等。此后，生态环境部作为 2018 年政府机构改革后的国务院气候变化主管部门，组织了对《暂行办法》和《审定与核

———————

[1]国家发展和改革委员会，2017 年。

证指南》的修订工作，以更加突出对 CCER 项目和减排量备案事中和事后监管，简化备案流程，缩短备案时间，减少行政审批和行政干预，改善 CCER 质量。[①]但由于 CCER 管理体制和技术规则的改革方案一直没有确定，CCER 体系的运行到 2020 年 6 月也一直没有恢复。

三、地方自愿减排市场的形成

我国除了有 CCER 市场这一国家自愿减排市场外，还存在地方自愿减排市场。CCER 市场的主管机构与 CDM、ETS 相同，皆为国务院气候变化主管部门，国内外机构、企业、团体和个人均可参与该市场；而地方自愿减排市场的主管机构为相应的地方碳交易主管部门，一般为省级气候变化主管部门，减排项目或活动一般位于相应的行政区域内，签发的减排量一般也仅能在本地区使用和流通。

与 CCER 体系下全国规则统一不同，地方自愿减排机制立足各区域的现状，容纳具有地方特色的项目，借助市场手段推动本地节能改造、植树造林、可再生能源利用等工作。目前北京、福建、广东等省市已经积极探索区域性的自愿减排机制，并允许本区域试点 ETS 中的纳入企业使用相关减排产品完成履约义务，这丰富了试点 ETS 市场的交易品种，降低了企业的履约成本，并促进了 ETS 纳入体系外的减排活动。

2014 年 5 月，北京市试点 ETS 主管部门发布了《北京市碳排放权抵消管理办法（试行）》[②]，将本地节能项目和碳汇项目产生的碳减排量纳入北京 ETS 试点市场。其中，非北京试点 ETS 的控排企业可以申请签发节能技改项目、合同能源管理项目或清洁生产项目所产生的碳减排量；碳汇项目减排量则允

---

①张昕、马爱民、张敏思等："中国温室气体自愿减排交易体系建设"，2018 年。
②北京市发改委：《北京市碳排放权抵消管理办法（试行）》，2014 年。

许为未经 CCER 备案的本地碳汇项目预签发预估减排量的 60%，并允许这些预签发的指标进入北京 ETS 试点市场，但要求企业进行 CCER 追加备案。前者为北京市建立的规则，后者利用了 CCER 的规则，但并没有明确相关项目如后续不能成功备案为 CCER 项目或不能成功签发 CCER 时相关风险的处理。

2016 年 4 月，福建省结合本省林业资源优势，依托福建省区域 ETS 市场，推出福建省林业碳汇减排量（Fujian Forestry Certified Emission Reduction, FFCER）[①]，并先后出台了《福建省碳排放权抵消管理办法（试行）》[②]和《福建省林业碳汇交易试点方案》[③]，鼓励和规范林业碳汇自愿减排项目的投资和开发，尝试将林区生态优势转化为经济优势。根据《福建省碳排放权抵消管理办法》，重点排放单位可使用 CCER 或 FFCER 抵消其经确认的排放量，为鼓励本省林业碳汇项目的开发，重点排放单位可使用 FFCER 抵消其 10% 的碳排放量，高于使用 CCER 进行抵消时最高 5% 的比例限制。

2015 年 5 月，广东提出探索建立基于碳普惠制的省内自愿减排机制，并推进自愿减排交易与 ETS 市场的相互融合、相互促进。2017 年 4 月，广东省发展和改革委员会发布了《关于碳普惠制核证减排量管理的暂行办法》[④]，广东省碳普惠核证自愿减排量（Puhui Certified Emission Reduction, PHCER）成为广东 ETS 市场中的合格抵消指标。广东省碳普惠制试点地区的相关企业或个人可以自愿申请参与温室气体减排活动（如节水、节电、公交出行等）和增加绿色碳汇等产生的减排量，并可在广东试点 ETS 市场交易。

---

①FFCER 项目及减排量须经国家发展和改革委员会备案的第三方审定与核证机构审核。与 CCER 相比，FFCER 开发流程有所简化，项目审定与核证过程并行。
②福建省人民政府：《福建省碳排放权抵消管理办法（试行）》，2016 年。
③福建省人民政府办公厅：《福建省林业碳汇交易试点方案》，2017 年。
④广东省发展改革委：《广东省发展改革委关于碳普惠制核证减排量管理的暂行办法》，2017 年。

地方自愿减排市场具有强大的创新力和灵活性，是区域 ETS 市场和 CCER 市场的有益补充，对稳定碳价、发挥市场对节能资源的调配起到了积极作用（刘珈铭等，2015）。

第二节　CCER 市场运行情况

一、技术体系

CCER 体系下的项目周期在很大程度上沿袭了 CDM 的框架和思路，主要包括项目设计、项目审定、项目备案、项目的实施与监测、减排量的核查与核证、减排量的备案等六个步骤。

方法学是用于确定项目基准线、论证额外性、计算减排量、制定监测计划的方法指南，对于确保项目和减排量的质量至关重要。CCER 项目开发需采用经国家主管部门备案的 CCER 方法学。目前，CCER 体系下已经备案的方法学约有 200 个，覆盖可再生能源利用、节能和提高能效、燃料替代、公共交通、固体废弃物处理、甲烷利用、生物质利用、林业、农业等多个领域，但绝大多数方法学的使用率较低。例如，2015 年成功备案的 CCER 项目共使用了 21 个 CCER 方法学，仅占当年 181 个全部可用方法学的 12%。从使用频次看，"可再生能源联网发电"方法学排名最高，占全部方法学使用次数的 54%。除了借鉴 CDM 方法学之外，一批充分考虑了我国特殊需求的新方法学，如电动汽车充电站及充电桩温室气体减排方法学、公共自行车项目方法学、蓄热式电石新工艺温室气体减排方法学等获得批准。目前，现有 CCER 方法学基本可以满足温室气体自愿减排项目开发和减排量核证的需要（张昕等，2017a）。注册登记系统是 CCER 体系运行的核心技术支撑系统，既是 CCER 的确权和管理工具，又是 CCER 交易的监管工具，需要详细记录 CCER 项目注册以及 CCER 签发、持有、转移、履约清缴、自愿减排注销等涉及状态或者权属变化的信息。CCER 注册登记系统于 2015 年 1 月建成并启动运行，经历了充分检验。

CCER 的交易必须通过备案的交易所完成，只有这些交易所才能与 CCER 注册登记系统连接并实现数据交换。截至目前，全国共有九个交易所（包括七个试点 ETS 下的交易机构、四川联合环境交易所和福建海峡股权交易中心）获得备案。这九家交易平台虽然因用户、试点 ETS 市场不同，CCER 交易价格也有所差异，但基本形成了辐射全国的 CCER 交易网络、跨区域的 CCER 交易市场，为活跃 CCER 交易、开发基于 CCER 的碳金融产品创造了契机（张昕等，2017a）。

二、项目开发和减排量交易

截至 2017 年 3 月 CCER 体系暂缓受理新申请为止，进入第三方审定阶段的 CCER 项目累计达到 2 871 个，其中 1 315 个项目获得批准[1]、约 400 个项目获得了 CCER 签发（张昕等，2017b）。从项目类型看，获得批准的 CCER 项目主要为风力、水力、光伏以及生物质等可再生能源发电项目，而农林碳汇、废能利用、燃料转换以及工业、建筑和交通能效项目数量较少（图 3-1）。

截至 2016 年 12 月，CCER 注册登记系统累计开户 814 个，其中 CCER 项目业主持有的项目减排账户 295 个，一般持有账户 519 个（张昕等，2017a）。

---

[1]国家发展和改革委员会：《中国应对气候变化的政策与行动 2017 年度报告》，2017 年。

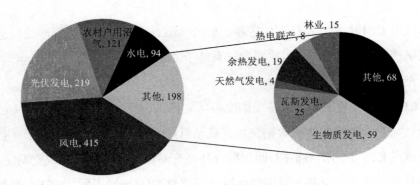

图 3-1 分行业的获批 CCER 项目数量

从区域来看，获批的 CCER 项目主要分布在中西部地区，这主要是因为项目潜力的地域差异。首先，中西部减排项目资源较东部丰富，特别是风能、水能和太阳能等可再生能源项目资源丰富。其次，相比中西部地区，东部地区经济发达、企业技术水平高、经济结构中第三产业比重较高，节能和提高能效项目的减排成本更高。此外，我国已经注册的 CDM 项目多分布在中西部地区，由其转化而来的 CCER 项目在总数中处于主导地位（郑爽等，2016）。

2015 年 3 月，广州碳排放权交易所完成了全国首单 CCER 线上交易，交易量为两笔共计 20 万 tCO_2e，其中一笔成交价为 19 元/tCO_2e，该交易的完成标志国内 CCER 交易正式拉开序幕，CCER 交易与配额市场正式达成互联互通。截至 2018 年年底，全国 CCER 成交量约为 1.62 亿，其中上海的 CCER 累计成交量最高，超过 7 300 万，约占全国总成交量的 46%（图 3-2）。上海 CCER 成交量高的原因可能与上海试点 ETS 中使用 CCER 进行抵消的限制条件最为宽松有关（Lo *et al*., 2017）。尽管 CCER 的准入增加了碳市场流动性，但宽松的抵消机制直接影响了配额价格，例如在刚推出抵消机制的 2015 年，上海试点配额的日均价和月均价均为七个试点最低（Weng *et al*., 2018）。

试点 ETS 的履约抵消是 CCER 交易的最大动力，用于"自愿注销"目的的 CCER 依赖于企事业单位、机构团体和个人等的低碳意识和行动，需求量通常较小且不稳定。截至 2016 年 12 月，用于公益事业、碳中和等注销的 CCER 约 15 万 tCO$_2$e（张昕等，2017a），仅占总成交量（8 111 万 tCO$_2$e）的 0.18%。

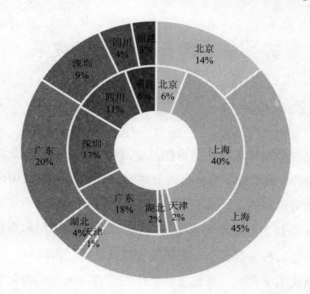

图 3-2　全国各交易所中 CCER 交易量占比[①]（内圈为 2018 年，外圈为累计至 2018 年）

　　CCER 交易有以下几个特征：①交易方式以协议交易为主，一方面买卖双方多在 CCER 签发前已达成交易意向，待 CCER 签发后即在场内完成交割，另一方面协议交易方式可赋予交易双方更大的灵活性，在成交价格方面存在更大的议价空间，对交易双方有更大的吸引力。②交易价格差别明显。不同类型项目的 CCER 价格差别大，一般可用于试点 ETS 履约的 CCER 价格明显高于不能用于履约的 CCER 价格。不同试点地区的 CCER 价格差别大，这和各个试点 ETS 的碳价直接相关。③投资机构在交易中扮演重要角色。一方面，投资机构积极参与项目咨询与研发，协助业主完成 CCER 项目开发，另一方

---

①上海环境交易所：《上海碳市场报告 2018》，2019 年。http://www.cneeex.com/upload/resources/file/2019/04/02/25997.pdf。

面，投资机构在交易中扮演"中间商"角色，促进形成交易机会，加快了 CCER 流转速度（郑爽等，2016）。

第三节 碳普惠市场的发展

一、产生背景

减排不仅仅是高排放企业的责任，更需要全社会通过政策协同、产业协同、技术协同、区域协同、市场协同等共同参与（聂兵等，2016）。出于管理成本等方面的考虑，ETS 一般只管控大的排放点源。受限于项目开发成本，我国的 CCER 项目主要集中在规模较大的可再生能源应用和森林碳汇项目，其社会影响及辐射程度都有一定的局限（唐人虎等，2018）。

随着城镇化水平和城乡居民生活水平的提高，城市小微企业和社区居民的生活、消费已经逐渐成为我国碳排放增长的重要领域之一，因此提高公众低碳生活和低碳消费的参与程度成为遏制或降低居民碳排放的重要手段。

2015 年，广东省在全国率先提出并推行了碳普惠机制，在广州、东莞、中山等地区启动试点，涉及居民社区、公共交通、旅游景区和节能低碳产品等领域，鼓励个人和小微企业主动开展低碳活动，让更多的人从低碳生活、低碳消费的活动中获益。碳普惠制的实施构建了以消费端促进生产端低碳发展的新模式，成为全民共建绿色低碳社会的有益尝试。

二、运行模式

碳普惠机制的运行模式是碳普惠平台依托公共数据，量化计算公众低碳行为的减碳量，并据此给予其相应的碳币（类似于其他体系下的减排指标）；

碳币可在碳普惠平台上换取商业优惠、兑换公共服务，也可交易给被控排企业用于抵消其在 ETS 下的碳排放（图 3–3）。

碳普惠机制运行的关键是如何科学地获取公众低碳行为信息并量化其减排效果，以及如何以货币化的方式支持公众低碳行为，包括吸纳企业自愿为此提供优惠产品、优惠服务，鼓励政府在公共服务中让利。为此，碳普惠制度在实施过程中需完成以下工作：①建设统一的碳普惠制度推广平台；②分行业、分领域建立低碳行为数据收集分析平台；③建立碳普惠制度下减碳行为的量化核证体系；④建立基于碳普惠制度的核证减排量交易机制；⑤建立基于碳普惠制度的商业激励机制。[1]

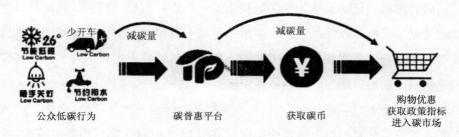

图 3–3　碳普惠机制运行示意图
资料来源：聂兵等，2016。

三、发展现状

碳普惠机制建立了以商业激励、政策鼓励和核证减排量交易相结合的正向引导机制，形成了公众、企业和政府共同参与的新局面，有助于向公众普及低碳知识，推行低碳生活和低碳消费，推广使用低碳产品、技术，有助于推动建立低碳消费拉动低碳生产的经济发展新模式[2]，是全社会范围内生态补

①吴韬等："碳普惠：'互联网+低碳'唤醒减排意识"，2018 年。
②广东省低碳发展促进会："广东省碳普惠制的运用与发展"，2017 年。

偿机制的创新尝试，为推动全民参与减排行动提供了一个新途径。

从 2015 年启动碳普惠制工作至今，广东省先后发布了《广东省碳普惠制试点工作实施方案》《关于碳普惠制核证减排量管理的暂行办法》《广东省碳普惠制试点建设指南》三项制度文件；选取了具有广泛公众基础和较好数据支撑但亟须政策支持的低碳行为纳入碳普惠行为；批准了五个相关的方法学。截至 2018 年 8 月，广东省累计批准碳普惠制项目减排量 847 491 吨二氧化碳。为推广碳普惠机制，广东省设立了碳普惠创新发展中心，建立了碳普惠网站、APP 程序、微信公众号等一系列碳普惠平台。同时，广东省积极推广碳普惠机制经验，目前已在河南、浙江等省设立了碳普惠运营中心（刘海燕等，2018）。

碳普惠机制已逐渐成为我国低碳创新的热点。深圳、南京、武汉等城市陆续建立了碳账户、绿色出行、碳宝包等碳积分机制，市民通过减碳行为可获得普惠积分，使用积分可享受换购小礼品、认领线上的树木种植、特惠购物等激励，利用市场推动社会各界积极参与减排。

北京在 2017 年 6 月启动"我自愿每周再少开一天车"活动，车主在每次自愿停驶前后分别拍摄上传行驶里程，停驶 24 小时以上即可出售碳减排量。成都市于 2018 年 6 月启动"少开一天车，低碳蓉 e 行"项目，成为成都市首个低碳出行领域的碳普惠项目。"蓉 e 行"是全国首创的交通众治公益联盟平台，符合条件的注册车主绑定车辆后，可通过平台自愿申报停驶，当履行承诺并通过智能交通监测设备审核后，可获得积分并在"蓉 e 行"福利商城兑换各类奖励。

河北省 2018 年 10 月印发了《碳普惠制试点工作实施方案》，提出以"自主自愿、鼓励创新"为原则，不断拓展碳普惠试点的深度和广度，逐步扩大实施范围[①]。提出结合开展低碳社区、低碳交通、低碳校园等创建活动，积极组织企业、社会团体、居民家庭和个人参与，计划到 2025 年，在全省推广并

[①]河北省首批碳普惠制试点城市为石家庄、保定、沧州、张家口、承德。

建成较为完善的碳普惠制度①。

碳普惠制成功的标志应当是形成"公众自愿参与、公共数据共享、减碳价值共享"的有机系统（聂兵等，2016）。但受一些客观因素影响，碳普惠制的实施推广还面临一定障碍，例如公众低碳行为数据不易获取、很难精确量化减排效果，公众低碳行为的减排量较小、其价值实现存在着很大的不确定性，商家对碳普惠制的认知普遍不足，商业激励模式难以迅速推广。

第四节　自愿减排市场的影响

建设自愿市场的最主要目的是为强制履约市场之外的减排行动提供激励。对于未纳入 ETS 的非控排企业，它们也可以申请对减排行动的减排量进行核证，相当于通过市场手段为能够产生减排量的项目提供补贴，这一行为也直接为企业提供了资金支持，促进了减排（朱晓静，2016）。从这点来看，我国的自愿减排市场，包括全国的 CCER 市场和区域性的市场都发挥了一定的作用，并反映在相关减排项目的批准、减排指标的交易和使用等多个方面。

我国自愿碳市场的建设和运行的过程中，除了激励减排行动外，在多个方面也发挥了重要的积极影响。

一、提高全社会的减排意识

自愿减排对提高全民减排意识起到了积极的促进作用。这一点在各区域的自愿减排市场中反映最为明显。与 CCER 市场中绝大多数的方法学都是针

---

① 河北省发改委："关于印发《河北省碳普惠制试点工作实施方案》的通知"，2018年。

对企业的减排活动不同，很多区域性自愿市场中的减排方法学覆盖了更多针对个人/家庭减排行为的方法学，例如广东开发了使用高效节能空调以及家用型空气源热泵热水器的碳普惠方法学，以鼓励个人减排；又比如北京环境交易所联合支付宝开发了针对个人减排行为的多种方法学，可通过支付宝的蚂蚁森林计算并累计减排量，再通过植树的方式生成真正的减排量（蒙天宇，2018）。

相比 CDM 等国际体系，国内自愿减排项目的规则能够考虑国内的特殊情况和需求，因而针对性的减排活动类型更加灵活多样，从项目的开发、申请和审定，到减排量的核证、签发，再到交易所需时间相对较短，交易成本也相对较低。因此，国内自愿减排市场签发的指标不但可以用于国内的 ETS 市场，也可以用于企业、机构和个人进行碳中和，彰显其社会责任、进行市场营销和品牌建设等，已经成为促进全社会参与温室气体减排努力的一个重要途径。

二、促进国内 ETS 市场的发展

国内自愿减排市场的建立对促进我国的试点 ETS 和全国 ETS 的发展起到了积极的促进和补充作用。

第一，我国全国 ETS 和所有的区域 ETS 市场都允许纳入企业使用 CCER 来抵消其部分碳排放，区域 ETS 还允许纳入企业使用本地区自愿减排市场签发的减排指标抵消其部分排放，因此，自愿减排市场为国内 ETS 市场纳入企业提供了更多的履约选择、降低了其履约成本，也为主管部门进行市场价格的调节提供了一种重要的政策选择。区域 ETS 市场是目前 CCER 最主要的用途。

第二，我国通过自愿减排市场，尤其是 CCER 体系积累了大量的碳市场方面的技术标准、管理经验、基础设施，推动了一批相应机构和人员的能力提升，涉及温室气体排放的监测、核算、核查、报告以及相关机构内部的人才管理等多个方面。这些不但推动了国内试点 ETS 工作的有效实施，也为推动全国 ETS 的建设做出了积极贡献。

第三，由于国内的区域 ETS 市场都允许将 CCER 作为合格的抵消指标，因此，CCER 作为全国统一的指标实际上起到了连接各区域 ETS 市场的作用，使区域碳市场碳价更趋于一致，成为促进全国统一碳市场形成的纽带。

第四，自愿减排市场是发展碳金融衍生品的良好载体。CCER 具有公信力强和开发周期短等特点，具有开发为碳金融衍生品的诸多有利条件，从而可以推动低碳项目融资，吸引社会资本进入减排领域，带动碳金融的发展。大多数区域碳市场已经推出了基于 CCER 等自愿减排指标的金融产品，包括碳债券、碳基金、碳资产质押等。这些实践也将为全国 ETS 建设背景下碳金融发展积累有益的经验。

三、促进精准扶贫

国内自愿减排市场规则的设计中，充分考虑了借助减排项目推动扶贫等问题，希望推动自愿减排项目的开发和减排量交易，与扶贫、低碳技术推广等国家战略目标相结合，进而引导资金和技术流向经济相对贫困的省份及低碳环保行业。

CCER 体系已经批准了多个针对林业碳汇项目的减排方法学，而林业项目产生的 CCER 已成为各个试点 ETS 市场普遍接受的抵消指标类型。另外，多个区域自愿减排市场中采取了更加直接的措施以促进减排项目扶贫效益的发挥。例如，广东省韶关市在 64 个省定贫困村和 1 个少数民族村成功开发的林业碳普惠项目预计将为参与的村庄带来超过 1 700 万元的一次性收入；按照目前的市场价格，贵州省实施的单株碳汇精准扶贫试点每年可为每个贫困户带来 1 350 元的收益。

第五节 CCER 市场发展面临的挑战与完善

由于市场参与者在自愿减排市场中没有强制性的减排义务，因此国内外自愿减排市场发展中面临的一个普遍问题是市场中减排指标的供需失衡。我国的自愿减排市场，无论是 CCER 市场还是区域性的自愿减排市场，在发展中也面临同样的问题，目前 CCER 的最主要需求来自于区域 ETS 市场的抵消指标需求。我国的自愿减排市场发展中还面临别的重要挑战，针对这些关键问题，在 CCER 体系的改革中应该制定有针对性的专门规定来加以解决。

一、与我国 ETS 的覆盖范围协调一致

行业覆盖范围在 ETS 顶层设计时尤为重要，减排效果、经济影响、社会影响和向未覆盖行业的碳泄漏均是确定行业覆盖范围时需要考虑的关键因素；覆盖行业范围的选择直接影响体系的减排效果、经济成本等（Qian *et al.*, 2018）。用于抵消目的的减排指标应源自 ETS 覆盖范围之外的减排活动产生的减排量。因此，在确定可用于 ETS 的抵消信用机制的合格行业与项目范围时，需要考虑两者可能重叠的问题，避免交叉导致的双重计算和重复激励。

我国试点 ETS 均纳入了电力、钢铁、水泥等重点高排放行业，部分还纳入了交通、建筑等服务业行业；全国 ETS 市场将首先纳入发电领域，并逐步纳入化工、钢铁、建材、有色金属、造纸、航空等其他高排放行业。

试点 ETS 目前纳入的和全国 ETS 将纳入的行业很多与目前 CCER 体系下合格的减排项目类型出现了重合。对于纳入 ETS 管控范围的排放设施，需要根据其排放量完成配额提交义务。如果在 ETS 的管控边界范围内开展了减排活动，则企业由于排放下降导致需要提交的配额量下降。如果还允许企业

根据这些减排量申请 CCER，则这些指标未来有可能被用于抵消 ETS 纳入企业的排放，相当于发生了双重计算，这将直接威胁 ETS 和自愿市场的环境完整性。

针对这一问题，修订后的新管理办法中应明确规定：全国和试点 ETS 管控设施上实施的减排活动不能作为 CCER 项目进行开发；全国和试点 ETS 管控设施上实施的自愿减排项目，从被开始管控时开始，所有产生的减排量不能再继续申请签发。建议参照 CDM 的规定，进一步出台更加完善的 CCER 项目标准和 CCER 项目审定、核证指南等关键标准文件，提升 CCER 项目开发和申请等的标准化程度，规范项目流程，进一步提高项目公信力。

二、加强对审定核查机构的监管

CCER 作为我国 ETS 中的抵消指标，可被企业用于完成履约，因此 CCER 对应减排量数据的真实性与 ETS 排放数据的质量同等重要。第三方审核是项目业主和管理机构之外把关项目质量的另一道重要防线，应最大程度保证第三方机构的公正性、独立性和专业性。

《温室气体自愿减排项目审定与核证指南》仅在注册资金、办公场所、财务抗风险能力、内部管理制度、专职人员数量、相关业绩等方面对审定与核证机构提出了具体要求，但对于备案后审定与核证机构的组织和人员监管、项目活动的开展与监督情况未作出明确规定。主管机构无法掌握第三方审定与核查机构的组织、人员、项目实施是否持续符合相关要求，无法规范项目活动，审定与核查机构审核活动的独立性、公平公正将无法得到有效监管，这将对 CCER 项目质量乃至体系运行带来不利影响（赵金兰等，2018）。

建议借鉴 CDM 机制中对 DOE 的认可制度，并结合我国国家认监委对认证机构的监管机制，逐步完善对 CCER 项目审定与核证机构的监管，尤其是事中和事后的监管。应制定对审定与核证机构的财务、人员能力、审定与核查程序、质量管理体系等多方面的具体要求，并对其进行绩效评价和现场监督评价等。应综合考虑减排量签发数量、项目类型、项目所在地域等因素，逐步建立对审定与核证机构的随机检查制度，包括实施随机抽取检查对象，随机选派执法检查人员，抽查情况与查处结果及时向社会公布，接受"双随机、一公开"社会监督，并根据检查结果对其实施资质管理等事中和事后监管机制。

三、进一步提高项目开发流程的公平性和透明性

《温室气体自愿减排交易管理暂行办法》中规定国资委管理的央企可以直接向主管部门申请自愿减排项目备案，并在附件中规定了 42 家央企名单；未列入名单中的企业法人，可通过项目所在地区的省级气候变化主管部门提交自愿减排项目备案申请。这导致 CCER 项目在申报流程中存在资格公平性和信息透明两方面的问题。

一方面，此项规定造成附件名单中 42 家央企与其他企业作为项目申报主体，在资格上产生了不平等性。另一方面，在实际操作层面，由于缺乏对省级主管部门的统一要求，不同省级主管部门的监管力度不一，审查的程序、进度等信息也无从查询，影响项目开发流程的透明性（姜冬梅等，2017）。由于省级主管部门对备案申请材料提出意见后才能转报国家主管部门备案，这使得部分企业申报审批、开发流程增长，这无疑增加了项目开发风险，降低了企业申报的积极性。

针对项目开发中的公平性和透明性问题，可以采取多方面措施来加以解决。首先应对所有的项目申请人设立统一的项目申请程序，避免对不同性质的机构区别对待。其次，如果地方主管部门介入到项目的申请过程中，应该设立针对地方主管部门处理项目申请的统一要求，避免地区差异。最后，可

以加强项目和减排量签发相关申请、注销和交易的信息公开，将信息全面和及时反映在相关的技术系统中。

作为 CCER 体系信息的官方平台，中国温室气体自愿减排交易信息平台应提供更加完善和及时的信息查询服务，包括项目公示、开发进度查询、专家意见公示、审定与核证机构认证、项目开发标准指南文件查询等。建议可以参考 CDM 等减排机制官方网站的做法，进一步加强 CCER 项目的信息披露和透明度，为社会监督和政府部门监督检查创造必要条件。

四、加强对 CCER 交易风险的监管

试点 ETS 市场一般采用线上公开和线下协议的交易方式开展 CCER 现货交易，其中线下协议交易是多数 CCER 交易采取的方式，且线上成交价格远高于线下协议成交价格。这形成了线上交易与线下交易脱钩、线上交易价格对线下协议价格不能发挥指导作用的情况，交易信息，特别是成交价格不透明。

CCER 交易信息不透明既导致主管部门不能对 CCER 交易进行有效监管，也不利于市场参与方分析判断 CCER 的市场供求趋势和价格变化，以识别 CCER 交易市场风险。来自不同类型项目、不同时间、不同区域项目的 CCER 价值分化、各试点 ETS 市场 CCER 价格差异都导致 CCER 市场交易风险的累积。

受限于政策要求，七个试点 ETS 市场目前只进行现货交易，普遍缺少必要的风险管理工具。而没有必要的价格预测及风险对冲工具，不但加大了履约机构的市场风险，也使金融投资机构难以深度介入并开展规模化交易，这也是市场流动性匮乏的深层次原因之一。

为保障 CCER 交易市场顺利运行，必须构建一个多元化的监管体系。首先，应借助全国 ETS 的市场建设契机，尽快出台 CCER 交易相关监管政策法

规，细化监管内容、明确监管主体、加强监管措施、理顺监管关系。其次，应依托全国 ETS 市场监管体系，借助现有监管力量，构建一个由国家主管部门牵头，银监会、证监会、认监委、国家市场监督管理总局、统计局等多部门组成的综合监管体系，发挥各部门专业化优势，对 CCER 项目开发、备案和交易实施全过程监管与执法，同时相互监督。最后，在强化主管部门应依法严格监管的同时，还应建立 CCER 交易征信系统，充分发挥重点排放单位、交易所、机构团体、公众、媒体的监督作用，形成主体多元、形式多样的监管网络（张昕，2017b）。

参考文献

Alex Y. Lo, Ren Cong, 2017. After CDM: Domestic Carbon Offsetting in China. *Journal of Cleaner Production* (141), 1391-1399.

Weng Q., H. Xu, 2018. A Review of China's Carbon Trading Market. *Renewable and Sustainable Energy Reviews.* 91, 613-619.

Qian H. Q., Zhou Y., Wu L. B., 2018. Evaluating Various Choices of Sector Coverage in China's National Emissions Trading System (ETS). *Climate Policy.* 18(S1), S7-S26.

丁丁："开展国内自愿减排交易的理论与实践研究"，《中国能源》，2011 年第 2 期。

姜冬梅、刘庆强、佟庆："CDM 与我国温室气体自愿减排机制的比较研究"，《中国经贸导刊》，2017 年第 35 期。

刘海燕、郑爽："广东省碳普惠机制实施进展研究"，《中国经贸导刊（理论版）》，2018 年第 8 期。

蒙天宇："中国自愿减排市场五年的得与失"，《绿叶》，2018 年第 1 期。

聂兵、史丽颖、任捷等："2016.碳普惠制的创新及应用"，《第五届国际清洁能源论坛论文集》，2016 年。

唐人虎、陈志斌："通过构建多层次碳市场推动生态文明建设"，《环境经济研究》，2018 年第 2 期。

熊志、李茜："'十二五'规划背景下的国内自愿减排市场探究"，《中国高新技术企业》，2012 年第 Z2 期。

张昕、张敏思、田巍："国家自愿减排交易注册登记系统运维管理进展与建议"，《中国经贸导刊》，2017 年第 8 期。

张昕、张敏思、田巍等："我国温室气体自愿减排交易发展现状、问题与解决思路"，《中国经贸导刊》，2017 年第 23 期。

赵金兰、王灵秀、刘骁等："中国自愿减排项目的发展与问题探讨"，《能源与节能》，2018 年第 5 期。

郑爽、张昕、刘海燕等："对构建我国碳市场 MRV 管理机制的几点思考"，《中国经贸导刊》，2016 年第 14 期。

朱晓静："中国碳排放权抵消机制的现状与发展策略研究"（硕士论文），吉林大学，2016 年。

第四章 试点碳排放权交易市场

2011 年，国家发展和改革委员会发布《关于开展碳排放权交易试点工作的通知》，批准在北京市、天津市、上海市、重庆市、湖北省、广东省和深圳市七个省市启动 ETS 试点工作。2013 年，深圳、上海、北京、广东和天津先后启动了 ETS 试点市场（本章以下简称"试点碳市场"或"试点"）；2014 年，湖北和重庆试点碳市场相继启动；2016 年，福建省也启动了 ETS 市场，至此中国已有八个省市建立了区域性 ETS 市场。本章将重点评估七个试点碳市场的制度建设、能力建设、社会经济影响和面临的挑战。

第一节 试点碳市场的制度建设

经过多年的建设与发展，中国七个试点碳市场的制度建设在实践中不断完善优化。本节将对各试点的法律基础与关键制度、制度建设与动态调整进行评估，并在此基础上比较试点制度的一致性、差异性和创新性。

一、试点的法律基础与关键制度

在法律法规方面，试点基本形成了"1+1+N"（人大立法+地方政府规章+

实施细则）或"1+N"（地方政府规章+实施细则）的政策体系，为全国碳市场的法制建设提供了经验（表 4–1）。七个试点中，深圳和北京试点采用人大立法，属地方性法规（Liu *et al*., 2015）；上海、广东和湖北试点通过政府令形式发布管理办法，属地方政府规章；天津和重庆试点发布的则是规范性文件。

表 4–1 各试点碳市场初始阶段的主要法律基础文件

试点	文件名称	颁布单位	发布时间
北京	《关于北京市在严格控制碳排放总量前提下开展碳排放权交易试点工作的决定》	北京市人大常委会	2013 年 12 月 30 日
	《北京市碳排放权交易管理办法》	北京市人民政府	2014 年 6 月 30 日
深圳	《深圳经济特区碳排放管理若干规定》	深圳市人大常委会	2012 年 10 月 30 日
	《深圳市碳排放权交易管理暂行办法》	深圳市人民政府	2014 年 3 月 19 日
广东	《广东省碳排放管理试行办法》	广东省人民政府	2014 年 1 月 15 日
天津	《天津市碳排放权交易管理暂行办法》	天津市人民政府办公厅	2013 年 12 月 20 日
上海	《上海市碳排放管理暂行办法》	上海市人民政府	2013 年 11 月 18 号
湖北	《湖北省碳排放权管理和交易暂行办法》	湖北省人民政府	2014 年 3 月 17 日
重庆	《重庆市碳排放权交易管理暂行办法》	重庆市人民政府	2014 年 4 月 26 日

在关键制度方面，各试点均已初步形成了制度要素齐全、各具特色的制度体系，包括法律法规，总量和覆盖范围，配额分配和管理，排放监测、报告与核证制度（Monitoring, Reporting and Verification, MRV），抵消规则，交易制度等（Zhao *et al*., 2017）。截至 2020 年 7 月，七个试点碳市场共覆盖行业二十余个，涵盖电力、水泥、钢铁、化工等，纳入重点排放单位近 3 000 家，已完成五至七个完整的履约周期。

截至 2020 年 6 月 30 日，全国八个区域碳市场中配额累计成交 6.46 亿吨，成交总额 139.28 亿元。其中，线上公开交易累计成交 1.75 亿吨，成交金额 44.78 亿元；大宗及协议转让累计成交 1.84 亿吨，成交金额 21.65 亿元；现货远期累计成交 2.63 亿吨，成交金额 62.61 亿元；公开拍卖累计成交 0.24 亿吨，成交金额 10.23 亿元。另 CCER 成交 2.06 亿吨[①]。

二、试点制度建设与动态调整

随着实践经验不断丰富和外部政策环境的变化，试点碳市场也在不断进行动态调整，主要体现在覆盖范围、配额总量、配额分配、抵消规则以及 MRV 体系等五个方面。

（一）覆盖范围

试点碳市场分批、逐步扩大覆盖范围。各试点碳市场覆盖范围遵循"抓大放小"和"循序渐进"的原则，前期纳入的是重点排放和重点耗能单位，随着试点运行经验的增加和参与方的日益成熟，特别是企业对碳市场的接受程度不断提高，纳入行业逐渐增多，纳入门槛逐步降低（孙永平，2017）。

各试点在启动阶段（2013～2014 年）的纳入行业均以高耗能行业为主，但根据各自经济发展水平和产业结构特征不同，纳入门槛设定从深圳试点年排放 3 000 吨二氧化碳到湖北试点年综合能耗 6 万吨标煤，各不相同。随着试点碳市场的发展和完善，通过分批增加纳入行业或降低纳入门槛，逐步扩大了覆盖范围。

---

①湖北省碳排放权交易中心《全国碳市场交易情况》月度报告。

　　2016 年起，北京试点行业的纳入门槛由原来的固定设施年二氧化碳排放量 1 万吨（含）以上调整为固定设施和移动设施年二氧化碳排放量 5 000 吨（含）以上；[①]广东试点新增民航和造纸两大行业，覆盖范围扩大至六大行业；上海试点将参与试点企业的纳入门槛降为年排放 1 万吨二氧化碳或年综合能耗 5 000 吨标煤以上。2017 年起，湖北试点纳入门槛由 2014 年度的年综合能耗 6 万吨标煤及以上的工业企业变为年综合能耗 1 万吨标煤及以上的工业企业，扩大至 15 个工业行业（表 4–2）。[②]

（二）配额总量

　　各试点配额总量设定遵循"总量控制，适度从紧"的原则，并逐年收紧。上海试点 2013 年的控排主体 191 家，配额总量为 1.6 亿吨，2018 年控排主体扩大至 288 家，配额总量缩减为 1.58 亿吨（含直接发放配额和储备配额）；[③]广东试点配额总量由 2013 年度的 3.88 亿吨降至 2016 年度的 3.86 亿吨，增加造纸和航空业后，2018 年配额总量调整为 4.22 亿吨；[④]湖北试点控排主体由 2014 年的 138 家增加至 2018 年的 388 家后，配额总量由 2014 年度的 3.24 亿

　　①北京市发展和改革委员会："北京市发展和改革委员会关于做好 2016 年碳排放权交易试点有关工作的通知"，2015 年。http://www.bjets.com.cn/article/zcfg/201512/ 20151200000696.shtml。

　　②湖北省发展和改革委员会："省发展改革委关于印发湖北省 2017 年碳排放权配额分配方案的通知"，2018 年。http://www.hbets.cn/index.php/index-view-aid-1296.html。

　　③上海市发展和改革委员会："上海市发展和改革委员会关于印发上海市 2018 年碳排放配额分配方案的通知"，2018 年。http://www.shanghai.gov.cn/nw2/nw2314/ nw2319/nw12344/u26aw57621.html。

　　④广东省发展和改革委员会："广东省发展改革委关于印发广东省 2018 年度碳排放配额分配实施方案的通知"，2018 年。http://www.tanpaifang.com/zhengcefagui/2018/ 072662183.html。

表 4-2　各试点覆盖范围和配额总量

试点	纳入门槛	纳入行业	控排主体数量（家）	配额总量
北京	年排放≥1万吨 CO_2（2013~2015年）年排放≥5 000吨 CO_2（2016~2018年）	电力、热力、水泥、石化、其他工业、制造业及服务业；2016年起，新增城市轨道交通运营单位和公共电汽车客运单位	415（2013年）543（2014年）551（2015年）947（2016年）943（2017年）	约0.46亿吨
上海	2013~2015年：电力和工业：年排放≥2万吨 CO_2 非工业：年排放≥1万吨 CO_2 2016~2018年：电力和工业：年排放≥2万吨 CO_2 或年综合能耗≥1万吨标煤 已参加试点的企业：年排放≥1万吨 CO_2 或年综合能耗≥5 000吨标煤 非工业：航空、港口、水运年排放≥1万吨 CO_2 或年综合能耗≥5 000吨标煤、建筑年综合能耗≥5 000吨标煤	工业行业：电力、石化、化工、有色、建材、纺织、造纸、橡胶及化纤 非工业行业：航空、机场、港口、水运、商务办公建筑和铁路站点、宾馆	191（2014年）190（2015年）312（2016年）298（2017年）288（2018年）	1.60亿吨（2014年）1.60亿吨（2015年）1.55亿吨（2016年）1.56亿吨（2017年）1.58亿吨（2018年）
湖北	年综合能耗≥6万吨标准煤（2014~2015年）；石化、化工、建材、钢铁、有色、造纸和电力行业年综合能耗≥1万吨标准煤 其他行业年综合能耗≥6万吨标准煤（2016年）年综合能耗≥1万吨标准煤（2017年）	电力、钢铁、水泥、化工等12个行业（2014年），2015年度起新增陶瓷制造行业、原电力热力行业拆分成热电联产行业、原汽车和其他设备制造行业拆分成汽车制造行业和通用设备制造行业，共十五个行业	138（2014年）167（2015年）236（2016年）344（2017年）388（2018年）	3.24亿吨（2014年）2.81亿吨（2015年）2.53亿吨（2016年）2.57亿吨（2017年）2.56亿吨（2018年）

续表

试点	纳入门槛	纳入行业	控排主体数量（家）	配额总量
广东	年排放≥2万吨CO₂e，或年综合能耗≥1万吨标准煤	电力、水泥、钢铁和石化、造纸业、白水泥业。2016年新增民用航空、	184（2013年） 190（2014年） 217（2015年） 244（2016年） 246（2017年） 249（2018年）	3.88亿吨（2013年） 4.08亿吨（2014年） 4.08亿吨（2015年） 4.22亿吨（2016年） 4.22亿吨（2017年） 4.22亿吨（2018年）
深圳	工业：年排放≥3000吨CO₂e 公共建筑或机关建筑：≥10000平方米	工业（电力、水务、制造业等）、建筑、公交、港口、地铁	578（2015年） 824（2016年）	3145万吨（2015年，不包含建筑）
天津	年排放≥2万吨CO₂（2013~2017年）	电力、热力、钢铁、化工、石化和油气开采	114（2013年） 112（2014年） 109（2015~2017年）	1.60~1.70亿吨
重庆	年排放≥2万吨CO₂e	化工（电石、合成氨、甲醇）、建材（水泥、平板玻璃）、钢铁（粗钢）、有色（电解铝、铜冶炼）、造纸（纸浆制造、机制纸和纸板）、电力（纯发电、热电联产）六大行业	242（2014年） 237（2015年） 200左右（2016年）	-

资料来源：ICAP Factsheet以及各试点配额分配方案。

吨[①]下降到 2018 年度的 2.56 亿吨[②]；北京试点控排主体数量由 2013 年的 543 家增加至 2017 年的 943 家后，配额总量经估算约为 0.46 亿吨。其他试点未公布具体的配额总量情况。具体信息参见表 4–3。

（三）配额分配

免费配额分配方法由历史排放法逐渐转向历史强度法和行业基准值法。2017 年北京试点发电企业（包括热电联产）由历史强度法调整为行业基准值法[③]。上海试点 2017 年度继续采取行业基准值法、历史强度法和历史排放法，但当年和 2018 年的方案均明确提出，在具备条件的情况下，优先采用行业基准值法和历史强度法等基于排放效率的分配方法（上海环境能源交易所，2018）。广东试点 2017 年度造纸业中的特殊造纸和纸制品生产企业、普通造纸和纸制品两个子行业则分别采用历史强度法和行业基准值法；[④]2018 年度民航企业分为全面服务航空企业、最简单服务航空企业和低成本航空企业，全面服务航空企业（广东省内仅南方航空）采用行业基准值法分配配额，其他航空企业采用历史强度法分配配额。[⑤]湖北试点 2017 年度造纸、玻璃及其他建材、陶瓷制造业采用历史强度法分配配额。

①湖北省发展和改革委员会：《湖北省 2014 年度碳排放权配额分配方案》，2014 年。
②湖北省发展和改革委员会："省发展改革委关于印发湖北省 2017 年碳排放权配额分配方案的通知"，2018 年。http://www.hbets.cn/index.php/index-view-aid-1296.html。
③北京市发展和改革委员会："关于重点排放单位 2017 年度配额核定事项的通知"，2018 年。http://www.bjets.com.cn/article/zcfg/201802/20180200001223.shtml。
④广东省发展和改革委员会："广东省发展改革委关于印发广东省 2017 年度碳排放配额分配实施方案的通知"，2018 年。http://www.sohu.com/a/168221638_99908715。
⑤广东省发展和改革委员会："广东省发展改革委关于印发广东省 2018 年度碳排放配额分配实施方案的通知"，2018 年。http://www.tanpaifang.com/zhengcefagui/2018/072662183.html。

表 4-3　各试点免费配额分配方法

试点	历史排放法	历史强度法	行业基准值法
北京	石化、水泥、制造业和其他行业、其他服务业、交通运输行业企业的固定源部分	2013~2016 年：供热企业（单位）和火力发电企业、燃气及水的生产和供应企业、交通运输企业的移动源排放设施	所有纳入行业的新增设施 2017 年起，发电企业（热电联产）调整为基于行业基准值法
上海	2013~2015 年：钢铁、石化、化工、有色、建材、纺织、造纸、橡胶、化纤等行业；商场、宾馆、商务办公建筑和铁路站点 2016~2018 年：商场、宾馆、商务办公、机场等建筑，以及难以采用行业基准值法或历史强度法的工业企业	2016~2018 年：产品产量与碳排放量相关性高且计量完善的工业企业；航空、港口、水运、自来水生产	2013~2015 年：电力、航空、机场和港口工业 2016 年：发电、电网、供热及汽车玻璃生产 2017~2018 年：发电、电网及供热
湖北	2014 年：电力之外的工业企业；电力企业的预分配配额 2015 年：水泥、电力、热力及热电联产之外的工业企业 2016 年：非行业基准值法的行业 2017 年：非历史强度法和行业基准值法行业	2016 年：玻璃及其他建材、陶瓷制造行业 2017 年：造纸、玻璃及其他建材、陶瓷制造	2014 年：电力企业的事后调节配额 2015~2016 年：水泥、电力、热力及热电联产 2017 年：水泥（外购熟料型水泥企业除外）、电力、热力及热电联产

续表

试点	历史排放法	历史强度法	行业基准值法
广东	2013年：电力、水泥和钢铁行业大部分生产流程（或机组、产品） 2014～2016年：电力行业的热电联产机组、资源综合利用发电机组（使用煤矸石、油页岩等燃料）、水泥行业的矿山开采、微粉粉磨和特种水泥（白水泥等）生产，钢铁行业短流程企业以及石化行业企业 2017～2018年：钢铁行业短流程企业，微粉粉磨生产，钢铁行业企业和其他钢铁企业的矿山开采、微粉粉磨生产，钢铁行业短流程企业以及石化行业企业	2017年：电力行业资源综合利用发电机组（使用煤矸石、油页岩、特殊燃料）及供热锅炉、水煤浆等燃料生产企业 2018年：电力行业使用特殊燃料发电机组（如煤矸石、油页岩、水煤浆、石油焦等燃料）及供热锅炉、有纸浆制造纸制品生产企业、特殊造纸和纸制品制造的企业、其他企业	2013年：石化行业和电力、水泥、钢铁行业部分生产流程 2014～2016年：电力行业的普通水泥熟料生产和粉磨、钢铁行业长流程企业、民用航空企业、钢铁行业的燃煤燃气（纯发电机组，水泥行业的普通水泥熟料生产和粉磨、钢铁行业长流程企业、民用航空企业） 2017年：增加普通造纸和纸制品 2018年：前述行业中、民用航空中的全面服务航空企业
深圳	无	公交行业采用目标碳强度法；其他行业依据历史强度计算目标碳强度	电力、水务、燃气行业
天津	钢铁、化工、石化、油气开采行业的既有设施	电力、热力行业的既有设施	所有纳入行业的新增设施
重庆	电解铝、金属合金、电石、水泥、钢铁、烧碱	无	无

（四）抵消规则

总体来看，抵消规则趋于严格。抵消机制是指允许碳市场履约主体使用一定比例的经相关机构审定的减排量来抵消其部分履约义务的规定，是一种灵活的履约机制。

试点抵消信用的主要来源是 CCER。如表 4-4 所示，在数量限制上，上海试点在 2016 年起将抵消比例由 5%调整为 1%；[①]广东试点 2018 年则将 CCER 和省级碳普惠核证减碳量（PHCER）的总量控制在 150 万吨以内。在时间限制上，北京、上海、天津和湖北试点规定 CCER 对应的减排量应产生于 2013 年 1 月 1 日后，重庆试点为 2010 年 12 月 31 日后。在项目地域上，2017 年湖北试点将项目产生地区限制在湖北省内长江中游城市群区域的贫困县；[②]北京试点规定，京外项目产生的 CCER 不得超过其当年核发配额量的 2.5%；广东试点规定用于抵消的 CCER 应至少有 70%产生于广东省内的温室气体自愿减排项目。

（五）监测、报告、核查（MRV）体系

试点碳市场的制度建设不断完善。经过多年的实践，目前各试点建立了相对完善的 MRV 体系，积累了丰富的 MRV 经验，逐步更新政策性技术文件，并通过探索和创新不断完善（曾雪兰，2020）。

广东试点于 2017 年相继发布《广东省企业（单位）二氧化碳排放信息报告指南（2017 年修订）》《广东省企业碳排放核查规范（2017 年修订）》和《广东省碳排放信息核查工作管理考评方案（实行）》，通过建立核查机构档案、

[①]上海市发展和改革委员会："上海市 2016 年碳排放配额分配方案"，2016 年。

[②]湖北省发展和改革委员会："湖北省发展改革委关于 2017 年湖北省碳排放权抵消机制有关事项的通知"，2017 年。

表 4-4　各试点 CCER 抵消规则

试点	比例限制	减排量产生时间	项目类型	地域限制
湖北	年度碳排放初始配额的10%	(1) 已备案减排量100%可用于抵消 (2) 未备案减排量按不高于项目有效计入期（2013年1月1日～2015年5月31日）减排量60%的比例用于抵消	(1) 非大、中型水电类项目产生 (2) 鼓励优先使用农、林类项目产生的减排量	(1) 100%在本省行政区域内、纳入碳排放配额管理控制企业组织边界范围内外产生 (2) 与本省签署了碳市场合作协议备案的省市、经国家主管部门备案的减排量可以抵消，年度用于抵消的减排量不高于5万吨
深圳	年度碳排放量的10%		允许特定区域范围内的风力发电、太阳能发电和垃圾焚烧发电项目	来自本市及本市签署碳排放权交易区域战略合作协议的省份或者地区
			允许特定区域范围内的林业碳汇项目和农业减排项目	全国范围
上海	(1) 年度配额量的5% (2) 不超过年度基础配额的1%（2016）	项目所有减排量均产生于2013年1月1日后	所有项目类型	本市企业在全国投资开发的项目
			非水电类项目（2016）	非上海试点企业排放边界范围内项目
北京	(1) 年度配额量的5% (2) 京外项目为2.5%	项目所有减排量均产生于2013年1月1日后	非来自减排氢氟碳化物、全氟化碳、氧化亚氮、六氟化硫气体的项目及水电项目	(1) 50%以上非来自本市行政辖区内重点排放单位固定设施的减排量 (2) 优先使用河北省、天津市等与本市签署应对气候变化、生态建设、大气污染治理等相关合作协议地区的项目

续表

试点	比例限制	减排量产生时间	项目类型	地域限制
广东	年度实际碳排放量的10%	—	(1) CO_2与甲烷的减排量占项目所有减排量的50%以上 (2) 非水电项目,非使用煤、油和天然气(不含煤层气)等化石能源的发电、供热和余能(含余热、余压、余气)利用项目; (3) 非在CDM执行理事会注册前就已经产生减排量的项目	(1) 70%以上应当是本省温室气体自愿减排项目产生 (2) 控排主体排放边界范围外产生 (3) 广东省审定签发的碳普惠试点地区减排量 (4) 非来自国家批准的其他碳排放权交易试点地区或试点地区已启动碳市场地区的项目
天津	年度实际排放量的10%	项目所有减排量均产生于2013年1月1日后	(1) CO_2气体项目 (2) 不包括来自水电项目的减排量	(1) 优先使用津京冀地区项目产生的减排量 (2) 本市及其他碳排放权交易省市纳入企业排放边界范围内的减排量不得用于本市的碳排放量抵消
重庆	审定排放量的8%	减排项目于2010年12月31日后投入运行(碳汇项目不受此限)	节约能源和提高能效;清洁能源和非可再生能源;碳汇;农业、工业生产活动、能源活动、废物处理等领域;非水电减排项目	—

资料来源: 上海环境能源交易所:《上海碳市场报告2015》, 2016年; 碳视角:《碳交易试点2016年度碳排放配额分配方案要点解析》, 2017年。

建立奖惩机制和黑名单制度，完善 MRV 管理工作（广东省应对气候变化研究中心，2018）。北京试点率先实行核查机构和核查员双备案制，对碳排放报告实行第三方核查、专家评审、核查机构第四方交叉抽查的方式；2017 年 9 月至 12 月，根据《关于开展碳排放权交易第三方核查机构专项监察的通知》，北京市发展和改革委员会对第三方核查机构开展了专项监察。深圳试点发布了《深圳市碳排放权交易核查机构及核查员管理暂行办法》，以提升核查机构和核查员管理的科学性、有效性，保障碳排放数据的准确性。

当前，核查技术规范和依据趋于一致，标准逐渐统一。试点均要求第三方核查机构以独立、公正和保密的原则，按照核查准备、核查实施和报告编写三个阶段进行核查工作，并通过文件评审和现场访问等方式对控排主体的相关情况进行交叉核对（郑爽等，2017）。各试点均发布了碳排放核算与报告指南，作为核查工作的基本技术依据。除深圳和重庆试点外，其他五个试点发布了分行业的核算与报告指南，以进一步保证数据的准确性和科学性，提高核查质量。

各试点逐步探索核查工作的市场化。在核查机构工作任务的分配方式上，大部分试点地区企业的核查工作由政府指派核查机构展开，深圳则采用了"企业自主选择经政府备案的核查机构"的市场化方式。在核查费用的资金来源上，碳市场建立初期，各试点均通过财政统一安排核查费用，确保核查工作客观、公正。随着碳市场运行的不断完善，部分试点开始探索核查工作的市场化。深圳试点在 2014 年开始由企业出资支付核查费用；北京试点也在 2015 年提出，企业可自行委托第三方核查机构进行核查（北京市发展和改革委员会，2014）（表 4–5）。从国内外碳市场的发展来看，核查工作的市场化将是未来的趋势。

表4-5　各试点核查机构工作任务分配方式及核查费用资金来源

试点	核查机构工作任务分配方式及核查费用资金来源
北京	2014 年前政府出资，2015 年起企业自费自主选择
上海	政府出资分配
湖北	政府出资分配
广东	政府出资分配
深圳	企业自主选择经政府备案的核查机构，2014 年起核查费用由企业支付
天津	政府出资分配
重庆	政府出资分配

三、各试点制度比较

总体来说，各试点在覆盖范围、配额总量和结构、配额分配以及抵消机制的设计上体现出一致性和差异性。同时，各试点的制度设计也充分考虑了我国的具体国情，体现出一定的创新性。

（一）试点制度的一致性

1. 覆盖范围

我国绝大多数试点碳市场仅覆盖二氧化碳，且纳入了电力间接排放。考虑到数据的可得性，绝大多数试点仅覆盖了二氧化碳，而对间接排放的纳入是我国试点碳市场与 EU ETS 等国外碳市场的最大不同之一。纳入间接排放可能导致试点碳市场中存在对碳排放的重复管制问题，比如，发电厂燃煤产生的排放对电厂而言属于直接排放，但对用电单位而言属于间接排放，国际通常做法是在碳排放量化和配额分配环节中不考虑间接排放，以避免重复管制。然而，一方面，我国一些省市的间接排放达到了其总排放的 80%（Feng *et al.*, 2013）；另一方面，目前我国售电价格是受管制的，发电侧的成本变化无法向下游传导。纳入间接排放后工业用户也将为其电力消费支付间接排放成本，有助于电力消费侧的减排。因此，纳入间接排放是在中国现有的电力体制下，即电力市场不完全市场化情况下的折中方案。

企业应该在企业层面确定排放边界。国外的碳市场通常以排放设施作为最小的单位纳入碳市场。这种方法更容易跟踪设施活动水平的变化，便于配额分配和履约。但是，我国的试点都是从企业层面出发，以企业组织机构代码为准来确定排放边界，进行配额分配和履约。原因是我国的能源统计体系的最小单位是企业，以组织机构代码确定企业边界，将企业纳入 ETS，方便主管部门对企业的排放及其履约行为进行管理。但是，这种方法同时也限制了配额分配的方法，对企业排放边界的界定和边界变更的处理带来更大的困难和复杂性（Qi *et al.*, 2014）。北京、上海和广东以设施为边界考虑新增产能的纳入，对在设施层面控排进行了有益的探索。

2. 配额总量和结构

各试点的总量设定与国家的碳强度目标相结合。综合考虑"十二五"期间碳排放下降和能耗下降目标，将强度目标转化为碳排放绝对量目标（孙永平等，2017），同时充分考虑经济增长的不确定性，配额总量适度从紧。

湖北试点将历史法和预测法相结合以确定总量。对于现有控排主体，采取历史排放法设定相对严格的限制以控制排放，对于新增设施和由于产出变化增加的排放，则采取预测法为经济增长留出空间（齐绍洲等，2016）。深圳试点为实现 2010～2015 年碳强度下降 21%的目标，根据区域减排目标、行业减排潜力、减排成本、产业竞争力和发展战略等，为电力、水务和制造业分别设置了相应的碳强度下降目标，如制造业为 25%等，然后制定强度基准值并结合预期产出确定基于强度的排放总量（Jiang *et al.*, 2014）。

我国试点吸收借鉴了欧盟和加州体系的经验，将既有设施与新增设施配额分开处理，并为政府调控市场预防风险预留份额（熊灵等，2016）。配额结构由三部分组成：①既有配额，即发放给企业既有设施的配额，以严格控制既有设施的排放；②新增配额，用于企业新增产能，从而为经济增长预留了较大的配额空间弹性；③调节配额，用于应对市场价格异常波动和配额分配可能存在的缺陷，以进行市场调控（Zhang, 2015）。

深圳试点配额总量中包括预分配配额、调整分配的配额、新进入者储备配额、拍卖的配额和价格平抑储备配额；①广东试点 2016 年度的配额总量为 3.86 亿吨，其中，控排主体配额为 3.65 亿吨，储备配额为 0.21 亿吨，储备配额包括新建项目企业有偿配额和市场调节配额；②湖北试点的配额总量包括年度初始配额、新增配额和政府预留三部分；北京试点的年度配额总量除了既有设施和新增设施配额外，还设计了配额调整量，以更有效应对企业的年度产能变化；而上海和天津试点只将配额划分为既有设施和新增设施（或项目）配额；重庆试点则仅考虑既有设施的配额（表 4–6）。

表 4–6 各试点的配额结构比较

试点	配额结构		
	既有配额	新增配额	调节配额
北京	有	有	有
上海	有	有	无
湖北	有	有	有
广东	有	有	有
深圳	有	有	有
天津	有	有	无
重庆	有	无	无

①深圳市人民政府：《深圳市碳排放权交易管理暂行办法》，2014 年。
②广东省发展和改革委员会：《广东省 2016 年度碳排放配额分配实施方案》，2016 年。

3. 配额分配

免费配额分配方式中，最具代表性的是历史排放法和行业基准值法。试点配额分配方法以历史排放法为主，并与行业基准值法相结合。我国碳交易试点准备时间短，缺乏欧美碳市场长期积累的经验基础和充足的排放数据，部分试点以历史排放法计算基础配额，并在其后乘以多项调整因子，以考虑前期减排奖励、减排潜力、对清洁技术的鼓励、行业增长趋势等因素。上海引入"先期减排配额"；北京引入行业控排系数；而天津在采用历史平均排放法计算配额时除了考虑行业控排系数外，还进一步考虑了绩效系数；湖北则引入行业控排系数和市场调整系数，后者是为了把上一年度市场供过于求的配额平衡掉，以不影响第二年市场配额的供求均衡。

行业基准值法强调鼓励先进，鞭策落后，但对数据的要求比较复杂。只有产品能够被比较细致地划分到同类时，单位产品的碳排放才具有可比性；当行业的产品分类非常复杂时，制定基准值非常困难。因此，行业基准值法仅在试点新增设施以及电力、热力、水泥、航空、建筑物等产品较为单一的行业得到了普遍应用，且各试点基准值并非基于产品而是基于细分行业来设定。如北京和天津规定，用于计算新增设施配额的基准值为行业二氧化碳排放强度先进值；上海和广东对发电排放基准值的设定则是按照发电机组的不同类型分别给出了七种和六种基准值；湖北则根据发电机组的不同技术类型和规模给出了九种基准值；广东对水泥熟料也按生产线规模设定了三种基准值，打破了欧盟、加州普遍遵循的"一种产品，一个基准值"的设定原则；深圳则采用基于行业增加值的排放基准值。

配额分配影响市场的配置效率，设计合理的分配方案是 ETS 制度设计的核心之一。配额分配一般有三种方式：拍卖、免费分配和混合方式。各试点依据"免费为主、适时适度推行拍卖"的原则，初始配额的发放由无偿发放到有偿发放适当过渡，以增强控排主体的减排积极性。北京、上海、天津、湖北、重庆采取对企业完全免费的方式；深圳规定免费发放的配额不低于配额总量的 90%（陈醒等，2017）；广东试点于 2013 年度首次执行配额有偿分配，企业配额实行免费发放和有偿发放相结合，首年度免费比例统一为 97%，强制要求企业购买其余 3%的配额，2014 年起则不再强制控排主体购买有偿配额。

4. 配额存储和抵消机制

各试点均允许配额存储，但不允许配额预借。配额的存储和预借对于企业跨期进行碳资产管理、降低减排成本具有重要的作用，但同时也会对市场供求产生较大的影响。当前，各试点对配额的预借都是禁止的，但允许配额的存储，湖北试点则规定必须交易过的配额才能存储，以提高市场的流动性。

在抵消机制方面，各试点均允许使用一定比例（最高为 10%）的 CCER 等进行履约，同时充分考虑了 CCER 抵消机制对总量的冲击以及环境友好性等因素，通过抵消比例限制、本地化要求、CCER 产出时间和项目类型的规定，控制 CCER 的供给（齐绍洲等，2016）。除上海外，其余试点均将水电或大、中型水电项目排除在外，其中湖北仅保留了小水电项目。水电项目产生的减排量较多，但碳市场前期的需求并不大，同时，水电对生态环境有一定的负面影响。因此，各试点纷纷对水电项目进行限制。除重庆和上海外，其余试点对 CCER 来源地有一定的限制。

（二）试点制度的差异性

1. 覆盖范围

不同试点的覆盖行业和纳入标准差异大。湖北、重庆和天津属工业主导型经济，广东的服务业比重略高于工业，北京、上海和深圳三地属服务业主导型经济。湖北、广东、天津和重庆仅覆盖工业行业，纳入门槛较高；在工业化和城市化快速发展的背景下，建筑、交通和服务业的能源消费需求将继续不断上升，北京、上海和深圳都将建筑、交通和服务业等非工业行业纳入控排，能够在促进能效提高的同时限制能源需求。深圳将地铁、公交等纳入碳市场，以减缓城市机动车的碳排放增长，促进新能源汽车的应用，纳入门槛较低（林文斌等，2015）。

2. 配额总量

ETS 下的配额总量设定一般有两种方式。第一种是"自上而下"方式，此种方式将社会总体减排目标分解到 ETS 和非 ETS 部门，基于经济增长、减排潜力和减排成本以及政治上的考虑，得到碳市场配额总量，再根据具体的配额分配方法将配额发放至纳入主体，即在确定覆盖范围的基础上，先定总量再分配。第二种是"自下而上"方式，即每个覆盖行业或设施的预期排放增长被行业或设施层面的总量所约束，此总量基于对行业或设施生产水平增长、排放限制和减排努力的假设、根据模型预测或专家评审，确定每个行业或设施的总量和得到碳市场的配额总量（Dian *et al.*，2006）。

可以发现，不同试点配额总量的设定方式存在差异。除了重庆和深圳试点，其他试点均采用"自下而上"的方式确定配额总量，即配额总量在企业层面确定，以减少宏观层面的不确定性和降低数据搜集成本。

重庆试点采用"自上而下"的方式确定，即基于碳强度目标和经济增长目标确定配额总量（Qi *et al.*，2018）。重庆试点采取企业配额自主申报的切分模式，配额数量由企业自己确定，而政府只负责将年度配额总量控制在所有纳入企业最高年度排放量之和（Xiong *et al.*，2017）。深圳试点则采用"自上而下"与"自下而上"相结合的方式，设定强度基准值结合经济增长预测，计算基于强度的配额总量，之后利用多轮博弈的形式将配额发放给控排主体。

3. 配额分配

当前，各试点配额分配方法多样，即使运用了同一种分配方法，其中的基础数据和调整因子也存在很大的差异（Pang *et al.*，2015）。北京和天津试点对于电力、热力行业的既有设施，采用历史强度法来分配配额，对于其他工业行业和服务业的既有设施，主要采取历史平均排放法来分配配额。上海试点对于产品或业务单一的行业，比如电力行业以及航空、机场和港口行业，采取行业基准值法来分配配额，并奖励先期减排；对于产品种类复杂的工业行业以及商场、宾馆、商业建筑和铁路站点采用历史排放法。广东和湖北则在同一行业内采用历史排放法和行业基准值法相结合的方式，广东试点对纯发电机组、水泥熟料生产、水泥粉磨工序以及长流程钢铁企业采用行业基准值法分配配额，而热电联产、水泥矿山开采、其他粉磨工序以及短流程钢铁企业则采用历史排放法分配配额（熊灵等，2016）；湖北试点 2014 年对于电力企业先用历史排放法预分配一半的配额，履约前再采用行业基准值法进行调整，从 2015 年起电力和水泥全部采用行业基准值法分配配额。

　　各试点对新增设施/项目的配额分配方法差异很大。北京和天津对所有行业的新增设施采用行业基准值法进行配额分配；广东根据行业的生产流程（或机组、产品）特点和数据基础，使用行业基准值法或能耗法计算各部分的配额；湖北根据新增产能增加的碳排放量计算；而上海则是根据项目全年基础配额、生产负荷率及生产时间折算确定（表 4–7）。对新增设施和项目的配额发放方式也存在差异。大部分试点免费追加配额，而广东规定新建项目企业在购买足额有偿配额并正式转为控排主体管理后，才能获得免费配额。

表 4–7　各试点针对新增设施/项目的配额分配方法比较

试点	分配方法
湖北	追加配额=因产能增加引起的碳排放增加量×行业控排系数×市场调节因子
深圳	—
上海	试生产阶段配额=全年基础配额×试生产阶段生产负荷率×（当年试生产月数/12） 正式生产阶段配额=全年基础配额×正式生产阶段生产负荷率×（当年正式生产月数/12）
北京	按纳入企业所属行业二氧化碳排放强度先进值核定
广东	适用行业基准值法行业：配额=设计产能×基准值 适用历史强度法行业：配额=Σ（预计各能源品种的年综合消费量×各能源品种相应的碳排放折算系数）
天津	按纳入企业所属行业二氧化碳排放强度先进值核定
重庆	—

4. 配额存储和抵消规则

配额存储政策存在显著的区域差异。湖北试点规定交易过的配额允许存储，未经交易的剩余配额以及预留的剩余配额则予以注销。上海试点对不同主体不同年度的配额存储条件做出了不同规定：①对于试点企业持有的2013～2015 年度配额可等量分期结转为上海碳排放配额（Shanghai Emissions Allowance, SHEA），2016～2018 年每年可结转为 SHEA 的数量为其结余配额总量的三分之一；②对于机构投资者持有的配额，2013～2015 年度配额等量结转为 SHEA，2016 年 5 月 9 日前购入的配额一次性结转为 SHEA；2016 年5 月 9 日起，通过挂牌交易方式购入的配额一次性结转为 SHEA；通过协议转让方式购入的配额将等量分期结转为 SHEA，2016～2018 年每年结转 SHEA 的数量为其协议转让总量的三分之一[①]。

CCER 使用规则存在区域差异。在项目类型上，各试点允许用于抵消的CCER 的来源项目类型有一定差异。从减排气体类型来看，六种温室气体中，天津仅接受减排二氧化碳的项目，而北京还接受减排甲烷的项目，广东更进一步规定二氧化碳与甲烷的减排量应占项目所有减排量的 50%以上。从具体项目类型看，各试点对项目类型的限制也有所不同。除了对水电项目的限制，广东规定煤、油和天然气等化石能源的发电、供热和余能利用项目产生的CCER 也不能用于抵消；重庆将项目限制在以下几类：节约能源和提高能效，清洁能源和非水可再生能源，碳汇，能源活动、工业生产活动、农业、废物处理等领域。深圳虽未对项目类型做出具体限制，但对不同项目类型产生的减排量做出了相应的地域限制。

---

①上海市发展和改革委员会："关于上海市碳排放交易试点阶段碳排放配额结转有关事项的通知"，2016 年。http://www.tanpaifang.com/zhengcefagui/2016/050952923.htmll。

（三）试点制度的创新性

灵活的配额总量。我国全国和地方目前的碳减排目标是强度目标而不是绝对量目标，这使得地方政府很难为碳市场设定出绝对量的排放总量约束。因此，大多数试点未事先设置确定的总量，而是通过"自下而上"的方式确定一个灵活的总量，以便于进行事后调节。这种基于需求的总量设定不仅有利于解决经济增长和排放间的不确定性问题，同时也避免了因目标设置不合理导致的对地方经济发展的影响，控排主体也更容易接受（Pang et al., 2015）。

充分利用拍卖促进市场流动性，降低履约成本，例如湖北和广东试点利用拍卖提高市场流动性。湖北规定配额总量的 2.4%可用于拍卖，同时允许机构投资者参与拍卖，目的是促进价格调控机制，提高市场活跃度。广东试点从启动之初就尝试实行了一级市场的配额拍卖，但该制度经历了一个不断完善的过程，包括尝试了固定拍卖底价、阶梯上升式底价和一、二级市场联动的价格体系等不同方式，最终逐步形成了成熟有效的有偿发放机制，建立起一级市场价格与二级市场价格联动的定价机制。上海和深圳试点尝试在履约前进行针对履约企业的排放配额拍卖，以降低企业履约难度。自 2013 年开始，上海试点一共进行了两次储备碳配额的有偿发放，一次为 2014 年履约之前，一次为 2017 年履约之前，主要目的是在不影响市场总体供需的前提下尽量满足控排主体的履约需求。深圳试点通过固定价格出售配额机制，稳定市场价格，降低控排主体的履约成本，固定价格出售的配额不能用于市场投机和交易，而仅限于履约目的。

多样的事后调节机制。由于我国经济增长和排放具有较大的不确定性，事前向企业分配的免费配额难免可能出现与企业实际排放差异较大的情况。因此，各试点针对既有设施引入了多样的事后调节机制（Pang et al., 2015）。例如湖北试点采用"双 20"损益封顶机制，当企业碳排放量与获得的免费配额相差 20%以上或者 20 万吨二氧化碳以上时，主管部门应当对其免费配额量进行重新核定，并对于差额或多余部分予以追加或收缴，[①]这样可把企业的成本负担或收益控制在"双 20"限度内，不会因为免费配额发放过紧或过松导致管控企业承担过重的经济负担或获得过大的额外收益。深圳和重庆试点配额分配模式则更多基于企业信息的自我披露，因而事后调整机制显得更为重要。如深圳规定，履约期末碳交易主管部门将根据企业实际增加值对预分配配额进行二次调整，当企业实际增加值高于分配时计划预测增加值时，追加分配企业配额，当企业的实际增加值低于分配时预测增加值时，从计划分配配额中进行核减。[②]

创新性纳入除 CCER 之外的其他类型抵消信用，扩大碳市场激励范围。北京试点在抵消机制中纳入了其辖区内的节能项目与林业碳汇项目产生的减排量。广东试点利用碳普惠制度（曾雪兰，2020），对小微企业、社区家庭和个人的节能减碳行为进行了具体量化并赋予其一定价值，建立起以商业激励、政策鼓励和核证减排量交易相结合的制度，将碳市场的激励范围覆盖至个人层面的减碳行为，利用碳市场构建全社会的低碳链。湖北试点积极探索基于碳市场的生态扶贫模式，推动相关农林类项目的开发。

积极进行碳金融创新。各个试点不断推出各类碳金融创新，包括碳托管、碳质押、碳债券、碳基金、碳信托、借碳等以现货市场为基础的碳金融工具创新。深圳试点推出了碳债券、碳基金、绿色结构性存款、跨境碳资产回购等创新型碳金融产品；湖北试点推出了碳配额现货远期、碳配额质押贷款、碳基金、碳债券、碳保险、碳众筹等业务。各试点也积极开发配额远期产品。例如，广东试点在 2015 年度完成了国内首笔碳排放配额远期交易业务；上海试点于 2017 年 1 月推出的远期产品以上海碳配额为标的，由交易双方通过上海环交所交易平台完成交易和交割，并由上海清算所作为中央对手方完成了清算服务。

---

①湖北省发展和改革委员会：《湖北省 2014 年度碳排放权配额分配方案》，2014 年。
②深圳市人民政府：《深圳市碳排放权交易管理暂行办法》，2014 年。

第二节 试点碳市场的运行状况与成效

经过八年多的探索与完善,各试点碳市场的运行逐渐步入正轨。

一、市场交易

碳市场交易受多方面因素的共同影响,其中,市场参与者是构成碳市场交易的主体,交易产品是碳市场交易的基础,交易量是衡量市场效率的重要指标,碳价格及其波动则是碳市场运行状态的核心指标。

(一)市场参与者

自各试点启动交易以来,参与主体除控排主体外,还包括投资机构和个人,参与主体多元化的趋势明显。不同类型市场参与主体的交易目标和策略也不尽相同。

控排主体是碳市场最重要的交易方。由于我国碳市场刚起步,很多控排主体对于参加交易持观望态度,并没有积极主动进行配额管理的意识,参与碳交易更多是被动应付履约要求(林清泉等,2018)。同时,由于参与市场交易的控排主体数量有限,履约产生的交易量很小,市场开放度不高,交易不活跃,进一步影响了碳市场交易主体的多元化发展(尤海侠等,2017)。

引入投资机构和个人投资者对提高市场流动性、强化价格的发现能力都有一定作用。但是,这些投资者没有对碳排放配额的实际需求,参与市场多以投资投机为目的(鲁政委等,2016)。根据各试点的统计数据,以投资盈利为目的的金融机构和自然人占市场交易主体总数量的比例不足 10%,且参与度不高,并未充分发挥活跃交易市场的作用(尤海侠等,2017)。

表 4-8 各试点碳市场的交易主体

碳市场	关于交易主体的规定	控排主体数量	个人投资者数量	机构投资者数量
广东	控排主体、新建项目企业、符合条件的其他组织和个人	300	636	197
湖北	控排主体、拥有 CCER 的法人机构和其他组织，省碳排放权储备机构，符合条件的自愿参与碳交易的法人机构和其他组织	344	2 683	69
上海	以试点企业为主，符合条件的其他主体也可参与交易	228	未开放	660
天津	控排主体与国内外机构、企业、社会团体、其他组织和个人	114	无数据	无数据
深圳	控排主体、其他未纳入企业、个人、投资机构	850	1 071	55
北京	控排主体及其他自愿参与交易的单位、符合条件的自然人	945	无数据	无数据
重庆	配额管理单位、其他符合条件的市场主体及自然人	240	合计 140	

注：数据截至 2018 年。

（二）交易产品

各试点逐步形成了以配额交易为基础，CCER 及碳金融产品为补充的交易产品组合。其中配额交易通过将碳排放权商品化，使碳排放权具有了一般商品的属性，是试点碳市场最核心的交易品种。CCER 是配额交易的重要补充，各试点对于 CCER 使用的要求不一，在抵消比例、项目类别、项目来源等方面都不同，这使得不同的试点有不同的门槛。在对 CCER 限制较少的试点，如北京和上海，CCER 的交易表现更为明显。CCER 增强了碳市场的流动性（Weng *et al.*, 2018），但是总体而言，由于限制门槛高、发展时间短等原因，CCER 交易存在企业参与不积极、市场活跃度低、交易规模小等问题（刘惠萍等，2017）。此外，碳交易产品和交易方式单调也是造成市场交易清淡的重要原因（张武林等，2017）。

在配额交易及 CCER 交易之外，以碳资产为标的物的碳金融发展能够有效地规避交易价格不稳定的风险，提高市场流动性和积极性。自 2014 年起，北京、上海、广东、深圳、湖北等试点先后推出了近 20 种碳金融产品。但由于各试点市场相对分隔、银行等金融机构对碳金融交易的参与力度不足、碳金融产品的种类创新不足、碳掉期和碳期货等金融衍生品还不完善等原因，碳金融产品和服务的发展依然十分受限（Zhou *et al.*，2019）。只有当我国碳市场具有足够的交易量、更高的市场流动性及更优的市场效率时，才有可能在市场中引入更多的碳金融衍生品（Chang *et al.*，2018）。

（三）交易量

交易量是衡量市场效率的重要标志，我国试点碳市场的交易量具有三大特点：

第一，从成交的时间分布来看，市场交易主要集中在履约期之前的两个月，即六月和七月进行，这两个月的市场成交量占全年总成交量的一半左右（图 4–1）。这表明目前我国试点碳市场上的参与者普遍以满足直接履约需求作为主要交易动机。但是，这一现象正随着市场主体交易经验的积累以及交易制度的完善而不断好转（鲁政委等，2016）。造成这一现象的原因是大部分控排主体没有进行专门的主动配额管理，对碳交易持被动态度，更多的是受履约需求驱动，配额短缺的控排主体通常在临近履约期结束时才被迫购买配额，非履约阶段则交易流动性欠缺，出现有价无市的情况，而配额富裕的企业也只能等到履约期临近结束才能售出配额，如此恶性循环，使交易量集中出现（林清泉等，2018）。

第二，不同试点碳市场配额成交量差距较大，配额交易量在配额总量中的占比较低，各试点交易规模差异明显。湖北试点碳市场启动时间较晚，但截至 2020 年 6 月 30 日，除一级市场的配额拍卖外，二级市场累计成交 3.32 亿吨，占全国 53.65%，成交额 77.23 亿元，占全国 59.85%（图 4–2）。

图 4-1　我国碳交易试点市场年交易量

资料来源：鲁政委、汤维祺，2016。

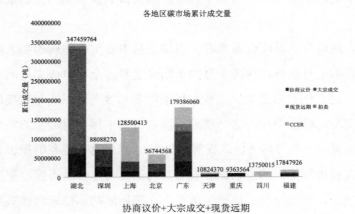

协商议价+大宗成交+现货远期

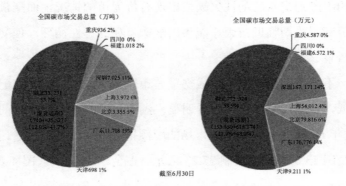

图 4-2　各试点市场分类累计成交量（上）与成交量占比情况（下）

资料来源：湖北省碳交易中心，2020。

　　以各试点配额交易量占配额总量的比重作为市场活跃度指标来看，国内各试点活跃度水平均较低（图 4–3）。以 2016 年为例，最高的市场活跃度发生于深圳，为 7.47%，最低值发生在重庆，仅为 0.04%。作为对比，2013 年 EU ETS 的配额交易量达到 86.5 亿吨，配额发放总量为 20.84 亿吨，市场活跃度达到 415%。中国碳市场较国外水平仍具有非常大的差距（王飞，2017）。

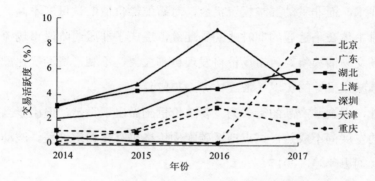

图 4–3　2014～2017 年各试点碳市场交易活跃度（交易量占配额总量比例）

资料来源：王科、陈沫，2018。

（四）交易价格

　　碳价是评价碳市场有效性的重要指标之一。碳市场的交易价格由市场的供给和需求关系决定，而供求关系受到政策调控、法律法规、宏观经济、国内外能源价格、碳市场政策等诸多因素的影响，因此碳价的形成机制相当复杂。国内外学者对于碳价形成机理和定价机制还未形成统一的认识，但可以确定的是，只有在保证充分的市场流动性和信息有效性的情况下，碳市场才会真正起作用（Wang et al., 2018）。当前，国内各试点碳市场交易平台相互独立，缺乏统一的市场定价机制（Shan et al., 2016），并且由于中国七个碳交易试点流动性仍然很低，良好的碳配额价格机制尚未形成（薛进军等，2018）。各试点碳市场的配额价格表现出从分散到收敛再分散的现象，即控排主体在履约期前的一段时间集中进行交易，导致配额的市场价格大幅上涨，而在履约期结束后又大幅下跌（鲁政委等，2016）。造成这一价格现象主要有以下两个原因。首先，在试点碳市场中，普遍存在碳配额过度分配现象，供大于求，导致碳价格持续走低，对市场信心造成冲击（贺胜兵等，2015）；其次，以履约为目的的撮合交易影响交易价格发现。控排主体参与交易，更多是被动应对履约要求，而非主动寻求投资机会，对碳配额价值的认可度不高。配额短缺的控排主体在临近履约期时才购买配额，造成了非履约阶段市场流动性欠缺。市场交易清淡将导致市场价格发现机制失灵，不利于资源优化配置和我国整体碳减排目标的实现（张武林等，2017）。

此外，碳金融产品的引入为完善定价机制做出了贡献，但由于当前碳金融市场的发展尚不成熟，试点地区碳配额价格仍存在稳定性差、波动幅度大等问题（刘惠萍等，2017）。

配额交易价格的波动特征是衡量碳市场是否有效的重要指标。用年度最高成交价格与最低成交价格之差表征碳价格波动性，对七个试点的分析表明（图4-4），2017试点市场的碳价波动性仍然存在较大差异，需进一步探索各个试点碳市场出现差异的原因（王科等，2018）。使用 R/S 非参数分析法，对

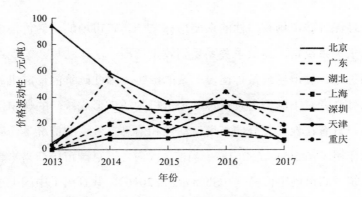

图4-4　2013～2017年各试点碳市场碳价波动性

资料来源：王科、陈沫，2018。

我国五个试点碳价格波动特征进行的实证检验与分析表明（表4-9），试点碳价格存在明显的非线性特征和状态持续性（魏素豪等，2016）。采用自回归条件异方差（Autoregressive conditional heteroskedasticity, ARCH）模型对我国六个试点碳市场价格波动特征进行分析，发现各试点碳价波动呈现不同的持续性、非对称性特征（张婕等，2018）。综合以上研究结论来看，我国试点碳市场并不稳定，尚未达到有效状态（图4-5）。

表4-9 碳价波动特征 Hurst 检验结果

试点	H 值（1）	H 值（2）	相关系数（1）	相关系数（2）
深圳	0.793 2	0.823 7	0.153 7	0.223 6
北京	0.966 9	0.986 4	0.172 1	0.287 2
上海	0.539 1	0.579 2	0.189 3	0.220 1
天津	0.687 5	0.715 8	0.201 9	0.274 5
湖北	0.859 1	0.883 5	0.163 5	0.219 7

资料来源：魏素豪、宗刚，2016。

注：我国碳市场尚未达到有效状态。各交易市场价格时间序列 Hurst 指数值越接近 0.5，其越接近有效市场，我国五个试点地区交易价格时间序列的 H 值均大于 0.5，表明当期交易价格受历史交易价格的影响程度较大，交易市场处于非有效状态。

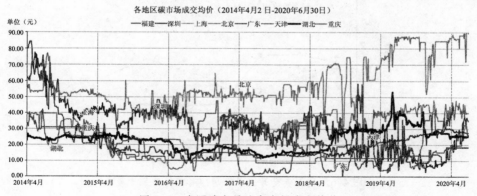

各地区碳市场成交均价（2014年4月2日-2020年6月30日）

图 4-5 我国碳交易试点市场成交均价

注：直线段部分代表当日无成交量

资料来源：湖北省碳交易中心，2020。

二、减排效果

是否有效地促进减排是衡量碳市场是否有效的重要指标，可以使用碳市场所产生的直接、间接减排效果及其特点进行评估。

（一）直接减排效果

我国试点碳市场是否促进了碳减排一直都是各方关注的重点。基于已有试点数据的分析表明，2013～2016 年，试点省份的碳强度每年平均降低约 0.026 吨/万元（Zhou *et al*., 2019）。

当且仅当碳市场的配额总量低于实际碳排放需求时，碳市场才能发挥约束碳排放行为的作用，在这种情况下，碳市场作为外生变量可以与"额外的"减排率之间建立起逻辑关系。配额总量、控排主体排放水平、控排主体减排潜力、经济结构的稳定性和碳价格对碳市场减排的有效性会产生不同程度的影响（图 4–6）。广东、北京、天津、湖北和深圳试点碳市场具有减排有效

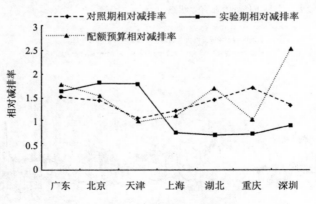

图 4–6 我国碳交易试点机制相对减排效果比较

资料来源：王文军等，2018。

性，可以发挥驱动本地区工业行业采取减排行动的作用，获得"额外的"减排率；重庆试点满足了碳市场减排有效性的必要条件，但受到工业减排潜力限制，无法获得"额外的"减排率；上海由于近年来产业结构调整和节能水平的提高，工业增加值能耗水平快速下降，相对工业碳排放需求，配额总量供过于求，其碳市场的减排有效性被削弱（王文军等，2018）。

以湖北试点碳市场为例，统计数据表明，湖北实施试点以来减排成效明显（图4-7）。2014年湖北试点138家企业碳排放总量2.36亿吨CO_2，同比减排781万吨，排放下降3.14%。2015年湖北166家企业排放总量2.39亿吨CO_2，同比减排1306万吨，排放下降6.05%。2016年湖北236家企业排放总量2.32亿吨，同比减少618吨，排放下降2.59%（张冯雪，2018）。

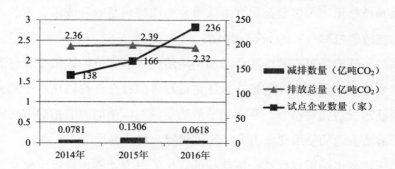

图4-7　湖北试点纳入企业排放变化情况（2014~2016年）

资料来源：张冯雪，2018。

（二）间接减排效果

碳市场作为典型的碳定价政策，存在显著的碳强度抑制效应。碳市场可以通过鼓励低碳技术创新、能源结构清洁化和经济结构转型等传导渠道间接降低碳强度，但间接减排效果的测算尚缺乏科学方法和足够数据支持，相关影响机理的探讨也相对缺乏。随着中国碳市场的逐步发展，其间接减排效果已日益受到重视，具有丰富的政策含义。

第一，碳市场可明显地促进低碳技术进步。碳市场设定的排放控制目标强调了碳排放资源的稀缺性，并通过建立交易市场进行碳定价，引导环境成本内部化，这为低碳技术、产品等提供了新的定价机制，促进减排技术创新。通过碳市场产生的收益弥补了企业提高生产技术而产生的成本，从而促进低碳技术的出现与使用（梁劲锐等，2017）。此外，碳市场在动态维度上通过碳价格信号的激励作用，促进低碳技术进步，降低未来的减排成本（莫建雷，2014）。尽管大量理论分析和实证研究证明了碳市场对于技术进步的激励作用，但在碳市场建设初期，试点碳市场对技术创新的促进效果并不明显。通过对七个碳交易试点进行在线问卷调查，有学者发现碳市场暂时不能刺激公司升级减排技术，大多数公司并不认可参与碳市场是一种成本有效的减少温室气体排放的机制（Yang *et al.*, 2016）。

第二，碳市场可有效推动能源结构清洁化。碳定价的政策变量与清洁能源比重变量正相关的内在逻辑，是碳定价政策的存在使得以化石能源为代表的污染能源变得相对昂贵，从而调节清洁能源与污染能源的相对市场需求，有利于清洁能源的使用比重上升（鄢哲明等，2017）。

第三，碳市场可以提高经济结构低碳化的潜力。碳定价政策变量与经济结构变量正相关的内在逻辑，是碳定价政策将增加高碳行业或高碳企业的成本，从而削弱其市场竞争力，导致行业间和行业内的结构发生转变（鄢哲明等，2017）。碳市场的建立引发了一系列相关投资、要素转移等，推动对落后工艺的淘汰和新减排设备的投入，刺激了各行业技术创新和生产效率提升，从而促进我国传统制造业的转型升级与结构优化（傅京燕等，2015）。

三、基础能力建设

在碳交易试点的准备与运行阶段，政府主管部门、企业与其他组织机构等市场主体均开展了相应的能力建设活动。其中既包括国家主管部门和国际机构组织的以碳市场为主题的培训研讨，也包括试点主管部门及其支撑机构组织的针对不同对象开展的培训。这些活动根据不同阶段的市场需求展开，有利于各类参与主体了解碳市场政策与规则、制定碳市场参与策略、配合提交碳排放数据报告、培养专业人才以及提升碳资产管理能力等。各试点顺利启动与平稳运行，均得益于之前开展的各类能力建设活动（李彦，2014）。

（一）政府主管部门

主管部门作为碳市场的政策制定主体，对碳市场的政策设计及执行具有重要影响，需要有必要的技术知识和管理能力。能力建设有助于政府主管部门强化碳市场顶层设计、运行管理、登记系统应用与管理、市场监管等方面的能力（孙瑞，2016）。试点初期，在对世界主要碳市场制度体系进行比较研究的基础上，碳市场能力建设聚焦于将碳市场机制与中国具体实践相结合，围绕碳排放控制目标、配额分配、MRV 制度及数据收集、支撑系统开发设计、区域市场管理、碳金融产品创新等问题兼容并蓄和本土化（李殿伟，2011）。试点的政策制度设计及后续的运行为政府主管部门提供了理解碳市场这种政策工具并在"干中学"的实践机会。随着碳市场的进一步深化发展，主管部门对市场的监督管理能力、对市场风险的识别与响应的能力仍需进一步加强。省级碳市场主管部门还应在政策、产业发展等方面为碳资产管理发展与能力建设方面创造条件，积极培育碳资产管理与碳交易服务产业（张昕，2015）。

（二）控排主体

控排主体通过能力建设基本具备了履行碳排放监测、报告、核查以及配额清缴等义务的能力。重点排放单位借鉴已经建立的能源管理体系和节能管理经验，逐步建立内部温室气体排放核算和报告体系，开展温室气体减排的精细化管理（张昕，2015）；部分企业已经在碳资产管理等方面建立了一定能力（孙瑞，2016），能够主动管理碳资产、制定碳交易策略，进行碳资产的财务分析（窦勇等，2016）。对国内主要水泥产地（河北、山东、安徽、四川等）的 35 家代表性水泥企业进行的碳资产管理培训及咨询服务需求调查问卷显示，目前的碳资产相关培训多为通用性的讲解，已不能满足企业个性化的需求，未来需要结合企业自身需求进行有针对性的碳资产管理咨询服务。因此，随着碳市场的运行，应进一步促进控排主体增强专业化碳资产管理意识，加强自身碳资产管理体系建设，理顺相应的组织架构及职能，建立管理模块间的协调机制等（魏建勋等，2016）。总体来说，根据企业特性提供符合其实际需求的培训，制定有针对性的课程，应是推动企业碳资产管理能力建设的要点（北京国建联信认证中心，2017）。

（三）交易平台

各个试点交易平台经过前期的能力建设，基本具备了设计交易规则、开发交易系统、设计交易产品、监管场内交易行为以及风险监控的能力，并顺利实现了交易系统与注册登记系统的对接（孙瑞，2016）。由于 ETS 的交易方式和交易程序都比较复杂且有其特殊性（冯登艳，2018），参与交易的管控企业数量总体有限，因履约需求产生的交易量很小；而投资机构和自然人占市场交易主体总量不足 10%（尤海侠，2017）。这是由于之前的能力建设主要是围绕碳市场体系的基础要素设计展开，而国内又与国际碳市场面临不同的市场环境和监管要求，参与主体的构成和交易动力也不尽相同，造成试点交易平台在前期设计和后期运行可参照的市场较为有限（程凯等，2018），应进一步加强这方面的能力建设。

（四）第三方核查机构

一批第三方核查机构通过培训和实践具备了独立的碳核查能力并开展了大量核查工作。国家和地方主管部门都编写了针对不同行业的碳排放核算、报告指南，建立了配套的核查员专项培训课程。通过这些专题培训，培育了一批温室气体核算机构和专业人员，建立了地方的碳排放数据库；非试点地区也逐步加强了地方核查机构及从业人员的能力建设和管理（张昕，2015）。但目前核查机构专业能力仍参差不齐，有经验的核查人员仍数量不足，主管部门对于核查机构监管与惩罚力度仍整体偏弱，核查质量的控制仍缺乏机制化的保障，因此，核查机构需要提高自身的能力，监管部门也要加强监管（易兰，2018）。

（五）碳金融机构

七个试点碳金融发展迅速并已经推出了二十多种碳金融创新产品（吴涵等，2018），但是普遍存在规模小和难以复制推广的问题，与碳市场相关的能力有待进一步提高，包括相关机构对碳金融产品的开发能力、企业参与碳金融业务的能力、市场对碳金融风险的容忍能力和监管能力等。随着碳市场的逐渐完善和成熟，特别需要进一步提升金融机构参与碳金融业务的能力。

通过试点碳市场的设计运行，我国培育了一批碳市场专业人才，提升了碳市场政策有效性和机构效率，可以达到促进绿色低碳转型发展的协同效应（孙振清等，2015）。未来，各个试点需要在碳交易数据的规范性和一致性、优化配额分配、扩大交易主体、丰富交易产品、二级市场定价机制、市场调节机制、企业碳资产管理等方面进一步推进能力建设（徐佳萱等，2016）。碳交易涉及多种主体，由于市场的复杂性和特殊性，政府与企业均需要较长时间的能力建设过程（冯登艳，2018）。未来，随着碳交易工作的进一步深入，围绕能力建设的深度化和个性化需求也会越来越多。

第三节　试点碳市场的社会经济影响

碳市场的社会经济影响较为广泛，本节将重点评估碳市场建设与运行在成本和收益、产业结构、就业、技术进步和竞争力等五个方面的影响。

一、对成本和收益的影响

（一）成本

短期来看，与劳动力、土地、生产资料一样，碳排放配额已经成为产品生产成本的一部分，从而整体上提高了产品的边际成本（宋丽颖等，2016）。

首先，获取碳排放配额的费用直接增加了生产成本。交易费用的存在会影响碳市场的成本有效性。交易费用包括信息搜集成本、商议和决策成本以及监测和执行成本。交易费用的存在显著增加了总减排成本，不同程度地抑制了市场主体的减排量，削弱了碳市场的成本有效性；同时也不同程度地削弱了各市场主体的成本节约效应。七个试点目前交易成本对湖北和重庆的影响最大，对北京和广东的影响大体相等，对上海和天津的影响最小（崔连标等，2017）。

其次，碳市场的实施推动了经济主体生产活动过程中所需能源的价格上升，提高了生产成本。通常认为，引入碳市场对于能源密集型行业的影响最大，一方面能源密集型行业是温室气体的排放主体；另一方面，碳市场通常会引起电力价格的上涨，进而影响这些行业的生产成本，从而对宏观经济发展的成本产生影响。如果碳市场导致电力成本上升50%，那么我国出口产品隐含的能源成本将增加一半以上（顾阿伦，2015）。

不同配额分配方式对生产成本的影响存在差异。免费分配可认为是对排放企业的隐性补贴，与拍卖相比，免费发放将使减排所付出的宏观经济成本降低。由于黑色金属冶炼及压延加工业等传统的高耗能、高排放部门能够通过上调产品价格，将碳市场引起的额外成本转移给国内外市场中需求价格弹性较低的消费者，因而碳市场对这些部门的影响程度较低、不会对其利润空间产生显著影响。此时，免费配额分配政策对其而言更像是一种鼓励其排放的补贴，这在很大程度上降低了碳市场的减排效率，削弱了市场机制的价格杠杆作用（王鑫等，2015）。

（二）收益

长期来看，碳市场能够通过碳价格信号引导经济系统中减排成本较低的地区、行业及企业优先减排，从而在社会层面降低总减排成本、提高减排效率（范英，2018），也表现为达到同样排放控制目标下 GDP 损失的减少，这可称为碳市场的潜在收益（Färe $et\ al.$, 2003; Wang $et\ al.$, 2015）。碳市场从两个方面降低了减排成本：一是在静态上通过价格信号引导减排资源在不同区域、不同行业及不同主体间进行交易，使减排成本较低的区域、行业及主体优先减排，从而降低当前的减排成本；二是在动态上通过碳价格信号的激励作用，促进低碳技术进步以降低未来的减排成本（范英等，2015）。

碳市场的协同减排效应显著。从整体上看，碳市场的实施对工业碳排放量和碳强度有显著负向影响；能源技术效率在促进碳减排方面发挥重要作用，与非试点相比，试点地区能源技术效率的提高显著降低了碳排放量和碳强度（Zhang $et\ al.$, 2019）。实施碳市场政策有利于减少化石能源的使用，因此还能减排与 CO_2 同源的 SO_2 和 NO_x 等传统大气污染物。

碳市场的成本效应和收益效应具有跨期性。短期内的成本上升会让经济主体更加注重资源的节约利用和生态环境的有效保护，谋求生态收益、经济收益与社会收益的有机统一，并长期有效地促进环境、资源和经济协调发展，进而实现生态环境的改善、资源的节约利用和经济的持续发展。

二、对产业结构的影响

碳市场通过经济手段来优化碳排放的资源配置，在一般均衡模型下，碳排放资源会流向利用率较高的企业，而利用率低的企业将渐渐退出市场。通过这种市场化机制，所在地区的产业结构会因为碳排放权交易而得到优化（Grubb *et al*., 2006）。碳市场为低碳产品和低碳技术提供了增长空间，因此长期来看将为我国产业结构向绿色低碳方向转型提供新的动力，但是短期内，绿色低碳产业能否快速崛起以支撑我国经济的平稳快速增长，仍有较大不确定性（范英等，2015）。

碳市场可以有效促进产业结构优化。基于实际数据的双重差分模型研究表明，碳市场对各试点省市三大产业的具体影响并不相同，对第一和第二产业的增长起到抑制作用，对第三产业的增长则起到促进作用（贾云赟，2017）。以深圳试点为例，2013～2015年，从减排量成效来看，碳市场对纺织业、化学和化学品原料、金属表面处理、食品饮料农副产品加工、文教工美体育和娱乐用品制造业、橡胶和塑料制品业等传统行业的影响较大；从碳强度的下降幅度来看，深圳碳市场对于纺织业、服饰、化学等传统行业影响较大，说明在碳市场的作用下，深圳传统行业原有的粗放式发展模式得到了约束，自然遵从经济规律，调整企业的产品结构。

三、对就业的影响

碳市场有利于长期产业结构调整，但短期内可能对部分行业的就业有负面影响（范英，2018）。碳市场施加的排放约束会导致所覆盖行业的产出下降，而由于覆盖行业都是资本密集型，短期资本存量无法迅速调整，因此下降的产出直接减少了劳动力就业。2014年天津试点和湖北试点就业率略减少了

0.09%（刘宇等, 2016; Liu *et al.*, 2017）。

但同时，碳市场本身也会创造新的就业机会，从而在一定程度上弥补总量约束对就业产生的负面影响。预测的结果表明，模拟中国 NDC 目标的背景下，与仅有总量约束的情形相比，碳市场的引入将小幅增加就业，其中，其他制造业、服务业和建筑业就业增幅最大，而航空和化工行业就业减少幅度最大（Wu *et al.*, 2016）。考虑中国 2020 年 GDP 碳强度较 2005 年的水平下降 40%~45%的目标，2020 年广东试点中农业、钢铁、服务业和纺织业就业增幅最大，而制造业、机械、建筑、造纸和化工就业降幅最大（Wang *et al.*, 2015）。

四、对技术进步的影响

环境波特假说认为，严格的环境规制能够促进企业开展更多的创新活动。理论上，碳市场作为一种市场型的政策工具，其形成的碳价格信号能为低碳技术创新与技术扩散提供持续不断的经济激励，吸引企业自主地进行低碳技术投资。

碳市场的实施在一定程度上促进了技术进步，存在短期的波特效应。基于双重差分模型的分析结果表明，碳市场对技术进步率有显著的提升作用，国内各试点技术进步率在实行碳市场后实现了小幅提升。其中，北京的技术进步率一直处于领先地位，碳市场应该是我国实现低碳经济转型的必要措施（范丹等，2017）。

然而，很多企业主要是通过降低产量而不是增加减排技术投入实现减排。面对碳减排压力，企业主要有两种应对方式：一是通过减少产量确保在给定配额内排放；二是投入减排技术，实现清洁生产，减少单位产品的碳排放量。有学者于 2015 年 5 月至 11 月在七个碳交易试点进行了在线问卷调查，发现国内企业似乎并未对中国 2017 年即将建立的全国碳市场表现出令人期待的热情，也并不认为碳市场能刺激企业升级减排技术（Yang *et al.*, 2016）。此外，采用双重差分模型的研究也表明，2012～2015 年，试点碳市场的实施确实能够显著降低企业的碳排放。但是企业主要是通过降低产量，减少整体生产过程中的碳排放来实现减排。由于减排技术投入的边际成本相对高于碳价格，部分企业并没有选择增加减排技术投入、通过清洁生产来实现减排（沈洪涛等，2017）。

碳市场对不同规模企业的技术进步影响存在差异。碳市场可以通过增加企业现金流和提高部分企业的资产净收益率，对其创新行为产生直接效应和间接效应（刘晔等，2017）。采用三重差分模型分析的结果表明，试点碳市场能够提高企业的研发投资强度，促使更多的企业愿意进行研发创新活动，然而，当前试点只对大规模企业的创新投入具有显著的正向效应，对小规模企业的研发创新并没有显著的影响。

五、对竞争力的影响

碳市场对竞争力的影响主要体现在碳排放约束前后国民经济、产业或行业以及企业在产出和利润等方面的变化（王琛，2017）。碳市场属于环境规制的一种，环境规制和经济增长的关系存在两种观点：一是"遵循成本学说"，即环境规制虽然能为环境保护带来立竿见影的效果，但无法避免将额外增加企业的生产成本，对经济增长会产生负面影响并降低企业国际竞争力；二是"创新补偿学说"，又称为"环境波特假说"，认为合理而严格的环境规制可以促使企业进行更多的创新活动以提升竞争力，最终可部分或全部补偿其增加的额外成本，释放环境和经济的双重红利（涂正革等，2015）。

行业层面，一方面，碳市场可能会通过增加行业的额外成本来影响行业竞争力，但影响较小。例如，运用 2014～2016 年碳交易数据测算上海试点运行以来工业行业增加的额外成本，发现碳市场引致的额外成本增加有限，碳市场对工业行业竞争力的总体影响较小（陆敏等，2018）。从短期来看，碳市场会对我国部分出口导向型的排放密集行业造成冲击。出口在我国经济总量中所占的比重仍然较高，出口产品中加工业、制造业、化工及纺织产品等所占比重较大，这些产品中隐含大量的碳排放（包括直接碳排放和间接碳排放）。国内碳市场建立之后，这些出口产品的生产成本将相对提高，进而使这些产品在国际市场的竞争力受到负影响，并进一步影响到该类产品的国内生产及行业就业水平（范英等，2015）。另一方面，碳市场可以激励企业用先进的设备替代老旧的设备，淘汰落后产能，实现转型和升级，从而提高行业财务绩效，这种影响具有行业差异性。碳市场降低了有色金属行业的绩效，但提升了电力行业的绩效。碳市场很难确保所有企业的短期利润，但长期内都可能实现盈利（Zhang et al., 2019）。

企业层面，碳市场对不同特征企业竞争力的影响存在差异。外资企业在我国经济发展中起到了推动作用，部分外资企业的技术水平高于内资企业，并且通过并购、控股、独资等方式，在我国一些行业处于强势地位而继续巩固其技术优势，这种技术差距的存在会导致内外资企业在边际减排成本上存在差异。基于技术水平的差异，碳市场降低了内资企业的产量和市场份额，且内外资企业低碳技术差距越大，内资企业市场份额下降越多（曹翔等，2017）。碳价格沿产业链传导到最终产品，导致隐含碳排放产品的生产成本（或机会成本）增加，且碳强度越高的产品，成本增加越显著。因此，对于满足同样需求的可选商品来说，碳强度越高，其市场竞争力受到碳市场的负面影响就越显著（范英，2018）。碳强度低的企业将有更强的能力缓解其直接成本和间接成本提升的压力。从直接成本的角度来看，企业在一定程度上降低碳强度的同时，会利用碳竞争力进一步扩大市场份额，部分碳强度低的企业甚至可以增加产品的产量。

第四节　试点碳市场面临的挑战

在碳市场的核心市场机制和配套体制机制的设计和实施过程中，各试点遇到了一系列挑战和问题，涉及关键制度要素设计、市场供求与流动性、法律保障、政府干预、信息公开、能力建设、政策协调等方面。

一、制度要素设计需适应我国国情

由于我国的特殊国情和碳市场本身的复杂性，国内试点在碳市场关键制度要素设计方面面临一系列的挑战，包括确认覆盖范围、配额分配、MRV 制度等。

覆盖范围。国内各试点将控排主体购入电力所产生的间接排放也纳入碳市场的排放核算范围。现阶段我国电力价格机制尚未充分市场化，碳成本的传导机制不完善，纳入电力的间接排放有利于促进用电端减排。但是，购入电力在发电和用电端的重复计算也会导致配额的重复分配和交易，并会对配额总量精准度产生负面影响。随着电力体制改革的深入推进，应结合电力市场运营实际，考虑是否有必要继续管控购入电力消费带来的间接排放。

配额分配。我国现阶段经济发展处于"三期叠加"（增长速度换挡期、结构调整阵痛期、前期刺激政策消化期）阶段，存在一定的不确定性，如何形成适宜的配额松紧度是关键挑战之一。部分试点的配额分配采用历史排放法，参照控排单位的历史碳排放量作为分配依据。而由于经济"新常态"、生产方式调整、产业结构转型等，导致当期碳排放相比历史碳排放有所减少，进而导致配额存在一定剩余。而试点期间参与企业的配额需求有限，政府又缺乏市场回购等调控手段，事前设定的配额总量可能出现较大剩余，导致排放价格总体趋于下行或在低位震荡（段茂盛等，2018）。试点内部区域间、行业间、行业内的发展差异也为实现公平、合理的配额分配带来挑战，例如，部分试点的行业基准值设定"过粗"——产品分类过少，容易忽略行业内产品的多样性，或"过细"——同一产品按技术类型和规模等设置多个基准值，容易变相保护落后产能（熊灵等，2016）。

MRV 制度。固定的核查费用不利于碳市场机制的高效运行。不同排放规模的企业采用相同的排放核查费用，将导致在排放较小的企业支付过多的核查成本，而排放较大的企业核查费用不足。如果核查费用由企业承担（如深圳、北京试点），将导致部分排放较小的企业负担过重（Wang *et al*., 2018）。

二、市场流动性不足

总体上看，试点的配额成交规模低，市场流动性不足，存在一定程度的"市场失灵"。主要有以下原因：①市场参与主体的范围有限。部分试点对投资机构设置了较高的准入门槛，影响市场参与主体的范围及企业入市的积极性，限制了市场需求（林清泉等，2018）。②控排主体的市场参与意愿欠缺。大型国有企业虽然较为重视碳排放管理，但生产情况易受新建项目产能的影响，在市场运行中偏重完成年度履约工作而忽视收益；中小型企业则碳资产管理意识不足，参与碳市场交易的意愿不高（易兰等，2018）。因此，试点企业的碳配额成交量呈现出显著的"履约期"效应，交易集中在履约截止日期前，而履约日期过后即交易冷淡、碳价滑落，影响碳市场配额的成交规模。③试点政策欠缺连续性。由于试点政策设计有一个调整的过程，需要根据市场的运行情况不断对现有政策进行修改、补充、完善，导致政策不确定性较大，并对碳价格带来冲击。④试点交易制度尚不完善，一定程度上影响二级市场形成有效价格。例如国务院有关文件禁止连续交易、做市商、集中交易等行为（段茂盛等，2018）。⑤存在一定的配额垄断现象。由于纳入行业的跨度大，企业规模存在较大差异，少数大型企业掌握了多数配额，这部分企业为保证持有的配额足够履约，也较少参与市场交易，进而导致流动性不足（郑爽，2014）。

三、缺乏完善的法律保障

试点的法律保障主要面临两方面的挑战。一方面，各试点的管理与技术文件的法律层级不高。大部分试点的总体管理办法以政府规章和规范性文件的形式发布，法律效力不足。当前各试点的法规建设中仅有深圳、北京为当地人大常委会立法，属于地方性法规，其他试点均为通过省级政府令或规范性文件形式发布管理办法。试点技术文件大多是政策文件，例如配额方案、MRV 指南等，不是以法律形式发布。上述文件的法律层级不高，法律效力不足，导致对违规主体的处罚标准不高、约束力相对较弱；在试点过程中，上述文件也不断调整，难以使参与主体形成长远的稳定预期（ Zhao *et al.*, 2016；李伟，2017；李梦明，2017；易兰等，2018；段茂盛等，2018）。另一方面，当前碳市场相关法律中的一些基础性规定仍然缺失，例如碳排放权属于"准物权""发展权"还是"环境权"？不同定位将决定权利主体在权利遭到侵害时能否获得司法救济；配额交易纠纷的诉讼保障也存在制度层面的不足等（吕忠梅等，2016）。

四、把握合理的政府干预程度

当存在市场失灵情况时，政府有必要进行一定程度的市场干预，使市场回到合理均衡的价格区间，恢复市场配置资源的功能。但是对于政府干预，国内试点在制度基础和制度实施方面均面临挑战。在制度基础方面，由于试点行政干预权限的来源管理文件法律层级较低，且行政干预的内容和权限没有在相关管理文件中清晰列明，这使行政干预的合法性存在缺陷（陈波，2017）。在制度实施方面，行政干预存在三方面的挑战：一是把握合理的干预边界，包括干预的时机和力度；二是干预存在不对称性，在实践中试点一般在碳价过低的时候进行干预，较少在碳价过高时进行干预；三是政府调控和市场信号存在时滞问题，有时临时引入政府干预措施，在决策过程透明性相对较低的情况下，反而易使碳价产生较大波动（段茂盛等，2018）。

五、信息透明度有待提高

信息透明是碳市场的基础。我国试点碳市场的信息透明度不高，主要体现在排放数据统计、排放相关数据的发布等方面。第一，碳排放的统计核算体系尚不完善，主管部门对碳排放的认知也有待提升；第二，很多企业不清楚碳市场对于促进节能减排、优化产业结构、提升企业国际竞争力等方面的深远意义，因此报告排放数据的动力不足；第三，缺乏完善的公共信息交流平台，相关信息服务也不够全面，数据过时、信息不全，除了企业的一些基本信息以及集成的碳价格和交易量外，其他数据很难获得。总体来说，信息透明度不足，会导致碳市场不确定性加大，并直接限制市场投资者参与碳市场的活动以及碳市场的总体规模（易兰等，2016; Zhao *et al*., 2016）。

六、碳市场参与方的能力有待提升

由于试点初期碳市场各参与方缺乏参与知识和意愿，其参与碳市场的能力存在一定的限制，亟须进行能力建设。例如，部分企业没有认识到碳市场可以帮助它们降低实现减排目标的成本，不熟悉碳市场相关的程序和规则，或者认为地方政府并不会严格执行碳市场政策，以至错过提前进行交易的机会而在履约期末匆忙开展相关工作，付出了高成本且影响了履约率。由于过去缺少碳排放数据的长期监测经验，要求企业在短期内提供历史排放数据，并保证数据的完整性、准确性与可核查性是非常困难的。同时，数据的真实性不足也容易导致配额分配过剩（靳敏等，2016）。此外，第三方核查机构能力参差不齐，碳核查的监管体系仍不健全（汪明月等，2017）。这与主管部门缺乏核查机构准入、核查质量控制、核查机构退出等环节的监管经验有密切关系（Munnings *et al.*, 2016）。

七、政策协调有待加强

碳市场、节能目标、区域碳强度下降目标，以及正在逐步开展的绿证、用能权交易等制度，存在一定的政策重复或冲突。政策之间缺乏协调，也导致企业不得不同时面对多种政策体系的考核，既加大了政策实施的难度，同时也加重了企业的负担（郑爽，2014）。例如，企业在满足节能要求后，也同时达到了碳配额要求，则应该无需购买碳配额；企业跨区购买了碳配额却可能无助于地方碳强度考核目标的完成，从而导致地方政府倾向于让企业自身减排而非购买碳配额完成履约（肖玉仙等，2017）。

参考文献

Bo Zhou, Cheng Zhang, 2019. What are the Main Factors Affecting Carbon Price in Emission Trading Scheme? A Case Study in China. *Science of the Total Environment*, 654, 525-534.

Dian P., Reece G., Rathmann M., *et al.*, 2006. *Use of JI/CDM Credits by Participants in Phase II of the EU ETS*. Ecofys, London, UK.

Färe R., Grosskopf S., Pasurka C. A., 2003. Estimating Pollution Abatement Costs: A Comparison of 'Stated' and 'Revealed' Approaches. *SSRN Electronic Journal*.

Grubb M., Neuhoff K., 2006. Allocation and Competitiveness in the EU Emissions Trading Scheme: Policy Overview. *Climate Policy*, 6(1), 7-30.

Jiang J. J., Ye B., Ma X. M., 2014. The Construction of Shenzhen's Carbon Emission Trading Scheme. *Energy Policy*, 2014, 75, 17-21.

Kai Chang, Rongda Chen, Julien Chevallier, 2018. Market Fragmentation, Liquidity Measures and Improvement. *Energy Economics*, 75, 249-260.

Kaile Zhou, Yiwen Li, 2019. Carbon Finance and Carbon Market in China: Progress and Challenges. *Journal of Cleaner Production*, 214, 536-549.

Kuishuang Feng, Steven J. Davis, Laixiang Sun, *et al.*, 2013. Outsourcing CO2 within China. *PNAS*. 110(28), 11654-11659.

Liu L., Chen C., Zhao Y., 2015. Chinas Carbon-emissions Trading: Overview, Challenges and Future. *Renewable and Sustainable Energy Reviews*, 49, 254-266.

Liu, W., Z. Wang., 2017. The Effects of Climate Policy on Corporate Technological Upgrading in Energy Intensive Industries: Evidence from China. *Journal of Cleaner Production*, 142, 3748-3758.

Munnings C., Morgenstern R. D., Wang Z., *et al.*, 2016. Assessing the Design of Three Carbon Trading Pilot Programs in China. *Energy Policy*, 96, 688-699.

Pang T., Duan M., 2015. Cap Setting and Allowance Allocation in China's Emissions Trading Pilot Programmes: Special Issues and Innovative Solutions. *Climate Policy*, 16(7), 1-21.

Qi S., Cheng S., 2018. China's National Emissions Trading Scheme: Integrating cap, Coverage and Allocation. *Climate Policy*, 2018(18), 45-59.

Qi S., Wang B., Zhang J., 2014. Policy Design of the Hubei ETS Pilot in China. *Energy Policy*, 75, 31-38.

Qian Wang, Sitong Wu, 2018. Carbon Trading Thickness and Market Efficiency in a Socialist Market Economy. *Chinese Journal of Population, Resources and Environment*, 16(02), 109-119.

Qingqing Weng, He Xu, 2018. A Review of China's Carbon Trading Market. *Renewable and Sustainable Energy Reviews*, 91, 613-619.

Qi S., Wang B., Zhang J., 2014. Policy Design of the Hubei ETS Pilot in China. *Energy Policy*, 75, 31-38.

Shan Y., Z. Liu, D. Guan, 2016. CO_2 Emissions from China's Lime Industry. *Applied Energy*, 166, 245-252.

Wang P., Dai H., C. Ren, *et al.*, 2015. Achieving Copenhagen Target Through Carbon Emission Trading: Economic Impacts Assessment in Guangdong Province of China. *Energy*, (79), 212-227.

Wu R., Dai H., Geng Y., *et al.*, 2016. Achieving China'S INDC Through Carbon Cap-and-trade: Insights from Shanghai. *Applied Energy*, (184), 1114-1122.

Xiong L., Shen B., Qi S., 2017. The Allowance Mechanism of China's Carbon Trading Pilots: A

Comparative Analysis with Schemes in EU and California. *Applied Energy*, 185, 1849-1859.

Yang L., F. Li, X. Zhang, 2016. Chinese Companies' Awareness and Perceptions of the Emissions Trading Scheme (ETS), Evidence from a National Survey in China. *Energy Policy*, 98 (3), 254-265.

Zhang Weijie, Ning Zhang, Yanni Yu. 2019. Carbon Mitigation Effects and Potential Cost Savings from Carbon Emissions Trading in China's Regional Industry. *Technological Forecasting and Social Change*, (141), 1-11.

Zhang Z. X., 2015. Carbon Emissions Trading in China: the Evolution from Pilots to a Nationwide Scheme. *Climate Policy*, (2015), 104-126.

Zhao X. G., Jiang G. W., Nie D., *et al.*, 2016. How to Improve the Market Efficiency of Carbon Trading: A Perspective of China. *Renewable and Sustainable Energy Reviews*, 59, 1229-1245.

Zhao X., L. Wu, A. L, 2017. Research on the Efficiency of Carbon Trading Market in China. *Renewable and Sustainable Energy Reviews*, 79, 1-8.

北京国建联信认证中心有限公司：“推进建材企业碳资产管理能力建设”，《中国建材》，2017年第8期。

北京市发展和改革委员会：《北京市发展和改革委员会关于做好2016年碳排放权交易试点有关工作的通知》，2014年。

曹翔、傅京燕：“不同碳减排政策对内外资企业竞争力的影响比较”，《中国人口·资源与环境》，2017年第6期。

曾雪兰、黎炜驰、张武英：“中国试点碳市场MRV体系建设实践及启示”，《环境经济研究》，2016年第1期。

曾雪兰：“应对气候变化，广东先行先试”，《环境》，2020年第7期。

陈波：“论我国碳市场的法治困境与制度完善”，《价格理论与实践》，2017年第1期。

陈醒、徐晋涛：《2017年中国碳交易试点运行进展总结》，新型高端智库建设数据库，2017年。

程凯、许传华：“碳金融风险监管的国际经验”，《湖北经济学院学报（人文社会科学版）》，2018年第10期。

崔连标、段宏波、许金华：“交易费用对我国碳市场成本有效性的影响——基于国内碳交易试点间的模拟分析”，《管理评论》，2017年第6期。

窦勇、孙峥：“上海市碳排放权交易试点情况分析与建议”，《中国经贸导刊》，2016年第4期。

段茂盛、吴力波：《中国碳市场发展报告——从试点走向全国》，人民出版社，2018年。

范丹、王维国、梁佩凤：“中国碳排放交易权机制的政策效果分析——基于双重差分模型的估计”，《中国环境科学》，2017年第6期。

范英、莫建雷："中国碳市场顶层设计重大问题及建议"，《中国科学院院刊》， 2015年第 4 期。

范英："中国碳市场顶层设计：政策目标与经济影响"，《环境经济研究》，2018 年第 1 期。

冯登艳："内外碳排放市场建设经验及对河南省的启示"，《证信》，2018 年第 7 期。

傅京燕、冯会芳："碳价冲击对我国制造业发展的影响分析——基于分行业面板数据的实证研究"，《产经评论》，2015 年第 1 期。

顾阿伦："引入碳价格后中国出口贸易成本的变化"，《中国人口·资源与环境》，2015年第 1 期。

贺胜兵、周华蓉、田银华："碳交易对企业绩效的影响——以清洁发展机制为例"，《中南财经政法大学学报》，2015 年第 3 期。

贾云赟："碳排放权交易影响经济增长吗"，《宏观经济研究》，2017 年第 12 期。

靳敏、孔令希、王祖光："我国碳排放权交易试点现状及问题分析"，《环境保护科学》，2016 年第 42 期。

李殿伟、文桂江："自然资本、碳排放权与我国的碳交易能力建设"，《经济体制改革》，2011 年第 3 期。

李梦明："过渡时期我国碳排放权交易市场的形势分析与对策建议"，《科技促进发展》，2017 年第 12 期。

李伟："我国碳排放权交易问题研究综述"，《经济研究参考》，2017 年第 42 期。

李彦："中德应对气候变化合作现状与建议"，《中国经贸导刊》，2014 年第 11 期。

梁劲锐、席小瑾："碳交易的潜在收益及减排途径分析"，《东北财经大学学报》，2017年第 4 期。

林清泉、夏睿瞳："我国碳交易市场运行情况、问题及对策"，《现代管理科学》，2018年第 8 期。

刘惠萍、宋艳："启动全国碳排放权交易市场的难点与对策研究"，《经济纵横》，2017年第 1 期。

刘晔、张训常："碳排放交易制度与企业研发创新——基于三重差分模型的实证研究"，《经济科学》，2017 年第 3 期。

刘宇、温丹辉、王毅等："天津碳交易试点的经济环境影响评估研究——基于中国多区域一般均衡模型 TermCO$_2$"，《气候变化研究进展》，2016 年第 6 期。

鲁政委、汤维祺："国内试点碳市场运行经验与全国市场构建"，《财政科学》，2016年第 7 期。

陆敏、苍玉权、李岩岩："碳交易机制对上海市工业碳排放强度和竞争力的影响"，《技术经济》，2018 年第 7 期。

吕忠梅、王国飞："中国碳排放市场建设:司法问题及对策"，《甘肃社会科学》，2016年第 5 期。

莫建雷："碳排放权交易机制与低碳技术投资"（博士论文），中国科学院大学，2014 年。

齐绍洲、程思："妥善处理碳市场建设中的'五个不'"，《光明日报》，2016 年第 15 期。

上海环境能源交易所：《2017 上海碳市场报告》，2018 年。

沈洪涛、黄楠、刘浪："碳排放权交易的微观效果及机制研究"，《厦门大学学报（哲学社会科学版）》，2017 年第 1 期。

宋丽颖、李亚冬："碳排放权交易的经济学分析"，《学术交流》，2016 年第 5 期。

孙瑞："河南省构建碳排放权交易体系的政策分析"，《经济研究导刊》，2016 年第 22 期。

孙永平、刘瑶："第三方核查机构独立性的影响因素及保障措施"，《环境经济研究》，2017 年第 3 期。

孙永平：《中国碳排放权交易报告（2017）》，社会科学文献出版社，2017 年。

孙振清、陈亚男、汪国军："中国碳市场建设问题探源及对策研究"，《环境保护》，2015 年第 6 期。

涂正革、谌仁俊："排污权交易机制在中国能否实现波特效应"，《经济研究》，2015 年第 7 期。

汪明月、李梦明、钟超："2013 年以来我国碳交易试点的碳排放权交易核查的发展进程及对策建议"，《科技促进发展》，2017 年第 9 期。

王琛："碳配额约束对企业竞争力的影响"，《北京理工大学学报（社会科学版）》，2017 年第 19 期。

王飞："国内碳排放权交易现状及实施效果分析"，《经贸实践》，2017 年第 5 期。

王科、陈沫："中国碳交易市场回顾与展望"，《北京理工大学学报（社会科学版）》，2018 年第 2 期。

王文军、谢鹏程、李崇梅等："中国碳排放权交易试点机制的减排有效性评估及影响要素分析"，《中国人口·资源与环境》，2018 年第 4 期。

王鑫、滕飞："中国碳市场免费配额发放政策的行业影响"，《中国人口·资源与环境》，2015 年第 2 期。

魏建勋、武庆涛、尹靖宇等："国内水泥企业碳资产管理分析"，《中国建材科技》，2017 年第 6 期。

魏素豪、宗刚："我国碳排放权市场交易价格波动特征研究"，《价格月刊》，2016 年第 3 期。

吴涵、李伟玲、林烨："我国碳金融发展面临的困境及出路——以湖北武汉为例"，《时代金融》，2018 年第 6 期。

肖玉仙、尹海涛："我国碳排放权交易试点的运行和效果分析"，《生态经济（中文版）》，2017 年第 33 期。

熊灵、齐绍洲、沈波："中国碳交易试点配额分配的机制特征、设计问题与改进对策"，《武汉大学学报（哲学社会科学版）》，2016 年第 3 期。

徐佳萱、刘燕、马晓明："深圳市碳交易体系的主要问题和政策建议"，《管理现代化》，2016 年第 3 期。

薛进军、赵忠秀:"低碳经济蓝皮书:中国低碳经济发展报告(2017)",《经济学动态》,2018 年第 2 期。

鄢哲明、杜克锐、杨志明:"碳价格政策的减排机理——对技术创新传导渠道的再检验",《环境经济研究》,2017 年第 3 期。

易兰、李朝鹏、杨历等:"中国 7 大碳交易试点发育度对比研究",《中国人口·资源与环境》,2018 年第 2 期。

尤海侠、李伟、杨强华:"我国碳排放权交易试点现状分析及建议",《中外能源》,2017 年第 12 期。

张冯雪:"湖北碳市场政策体系与湖北省产业结构转型成效的关系研究",《特区经济》,2018 年第 9 期。

张婕、孙立红、邢贞成:"中国碳排放交易市场价格波动性的研究——基于深圳、北京、上海等 6 个城市试点碳排放市场交易价格的数据分析",《价格理论与实践》,2018 年第 1 期。

张武林、雷原、王锋:"清淡市场视角下中国碳交易试点市场弱式有效性研究",《当代财经》,2017 年第 7 期。

张昕:"地方融入全国碳市场面临的挑战与思考",《中国经贸导刊》,2015 年第 6 期。

郑爽、刘海燕:"七省市碳交易试点核查制度研究",《中国经贸导刊》,2017 年第 26 期。

第五章　全国碳排放权交易市场

第一节　从试点碳市场到全国碳市场

一、建设路径选择

全国统一碳市场的建设路径主要有两种思路。一种思路认为，应该遵循"自下而上"的建设路径，即通过扩大试点范围，建设更多的区域碳市场，逐步连接各区域碳市场，进而形成全国碳市场；另一种思路则认为，应该采用"自上而下"的建设路径，即借鉴试点碳市场的经验教训，制定全国统一的规则，一步到位建立全国统一的碳市场（段茂盛等，2018）。

（一）"自下而上"建设路径

"自下而上"的建设路径可给予各区域在碳市场建设中充分的灵活性和自主权，各省市可以在全国碳市场建设整体思路的指导下，参考试点建设方案，根据其经济发展水平、产业结构、能源结构、排放结构等具体情况，结合自身的相关能力，自行设计具有区域特色的碳市场，即将试点建设经验逐渐扩散、推广到经济和排放状况相似的省市。待区域碳市场发展成熟后逐步相互连接，进而形成全国统一的碳市场。但因为各个区域市场的规则差异，这种建设路径会在体系融合的初期降低总体资源配置和市场运行效率，而且不同区域可能需要针对各自的碳市场单独立法、设计体系要素、建设各自的注册登记系统和交易平台，从而会极大提高全国碳市场的初期建设成本和运行成本。

体系连接往往需要被连接的碳市场体系在某些关键设计要素方面保持一致或者进行协调，涉及总量控制目标、配额分配方法、履约机制、价格调控机制、MRV 规则等，不同体系设计要素的差异可能意味着体系连接的技术障碍和政治挑战（庞韬等，2014）。由于经济发展水平、产业结构、排放水平、排放结构等方面的差异，我国七个试点碳市场的制度设计呈现多样性的特征——在立法形式、覆盖范围、配额分配、履约机制等关键要素的设计方面各有特色。而试点碳市场之间关键设计要素的差异大、兼容性差，给试点体系连接带来了较大的技术障碍，直接影响了连接的可行性，体现了"自下而上"建立全国碳市场的难度。此外，"自下而上"的建设路径在拓展区域碳市场的范围时，区域发展的差异问题将无法回避，这导致不同体系之间关键要素设计的差异性和多样性进一步增加，尤其是配额分配和 MRV 等规则不统一还可能造成不同地区配额的不同质性，损害市场公平，并使体系连接时面临的技术障碍和协调难度进一步加大。此外，体系的连接不免需要修改已有体系设计的要素，而这种修改又会涉及不同地区管理部门的决策和协调，流程复杂，实施成本和难度高，面临的政治阻力也大。

（二）"自上而下"建设路径

"自上而下"的建设路径需要国家层面出台统一的法律依据和工作方案，针对覆盖范围、配额分配方法、履约机制、MRV 规则、监管体系等建立一系列全国统一的规则。此外，注册登记系统、交易系统等辅助支撑体系也应在国家层面统一建设和运行管理。与"自下而上"的建设路径相比，"自上而下"的建设路径不但可以降低全国碳市场建设的复杂性和工作难度，节约市场建设成本和运行成本，而且统一的规则和市场可以避免区域分割，从而进一步提高市场的资源配置效率，有利于在全国碳市场运行初期就更有效降低全社会实现碳排放与控制目标的成本。配额分配规则和 MRV 规则的统一还可以保障不同地区配额的同质性，有助于更好地实现市场公平。

关于"自上而下"和"自下而上"两种建设路径的利弊，国外体系的连接实践可以作为借鉴。例如欧盟成员国与挪威、冰岛、列支敦士登碳市场（2008年），澳大利亚碳市场与 EU ETS（2014 年），加州和魁北克碳市场（2014 年），美国 RGGI 十个州（2009 年），瑞士碳市场与 EU ETS（2019 年）等体系已完成、正在或曾经尝试体系连接。

（三）全国碳市场建设路径选择

基于我国目前在试点连接和标准扩散方面的研究和实践经验，碳市场的连接面临着巨大的障碍和阻力。如广东和湖北试点体系连接的相关研究表明，由于两个体系的要素设计差异巨大、连接后双方损益不公平，导致连接过程面临重重障碍（林文斌等，2015）。北京试点曾积极探索与周边非试点地区连接，并分别与承德、呼和浩特市和鄂尔多斯市建立了跨区域碳交易市场，但由于北京碳试点的相关法律无权管理周边地区的市场和交易，导致了承德等地只有出售指标给北京企业的单向交易、北京之外地区对不履约企业无法进行有效处罚等不符合连接最初设想的情况。[1]由此可见，在经济结构、排放水平、减排潜力、MRV 规则、履约强制性等方面存在显著地区差异的情况下，各个地区都趋向于建立各具特色的规则体系，从而导致系统之间存在很大差异，因而体系的复制和扩散模式有可能形成彼此割裂的区域碳市场，给全国碳市场的统一与融合带来更大的困难。因此，"自下而上"的路径对于全国碳市场的建设是行不通的，采用"自上而下"的路径，在统一规则的框架下建设全国碳市场才是最可行、最高效的选择。

然而，全国统一的市场规则会使地方的灵活性和自主权受限，难以充分

---

①上海环境能源交易所：《碳市场快讯（总第 55 期）》，2014 年。

考虑不同区域的经济发展、排放水平和结构、技术能力水平等方面可能存在的显著差异（张昕等，2017），容易"一刀切"。尽管如此，与"自下而上"的连接区域碳市场的建设路径相比，通过"自上而下"的方式建立全国统一市场，可以有效避免区域分割、提高市场的资源配置效率，优势显著。

考虑到建设全国碳市场时间紧、任务重，同时为避免未来区域碳市场连接可能存在的技术障碍和政治挑战，全国碳市场的国务院主管部门决定遵循"自上而下"的路径建立全国统一碳市场，即全国碳市场设计和运行规则在国家层面统一确定，省级主管部门负责具体规则的执行，从而确保全国范围内规则的完整和一致。全国碳市场在覆盖行业、纳入门槛、配额分配方法、MRV 规则、履约机制、市场监管、注册登记系统、交易系统等所有体系要素的设计方面全国统一。

然而，已经确定了"自上而下"的全国碳市场建设路径，并不意味着在全国碳市场设计和建设中就彻底无法考虑地区差异问题（Pang *et al.*, 2018a）。我国不同省市在经济发展水平、行业水平和技术能力等方面存在显著差异，全国碳市场建设将在不影响体系环境完整性的前提下，在覆盖范围、配额分配方法等方面适当考虑区域差异，并给予地方主管部门一定的灵活性，减少全国碳市场的推进阻碍，提高地方主管部门参与全国碳市场建设和运行的积极性。在覆盖范围方面，经过国务院主管部门的批准，省级主管部门可以增加全国碳市场在本行政区域内的覆盖行业数目、降低碳市场纳入主体的排放门槛。在配额分配方法方面，全国统一分配方法的基础上，允许省级主管部门在本行政区域内实施比国家更严格的分配方法；同时，在确定全国统一的配额分配方法时，国务院主管部门也可以通过对行业和技术细分，合理考虑同一行业内不同地区企业在技术水平方面的巨大差异。

二、试点市场到全国市场的过渡

（一）试点市场对全国市场的影响

试点市场对全国市场的影响主要体现在两个方面：第一，在宏观层面上，通过对七个试点市场的特点及有效性进行分析，不仅可以了解中国碳市场的未来框架，还可以为全国市场中的交易活动提供经验（**Wang** *et al.*, 2018; **Zhou** *et al.*, 2019）。第二，在微观层面上，七个试点的经验教训为全国碳市场的建立提供了制度、市场、经验、人才各方面的宝贵参考，也为全国碳市场的成立打下了坚实的基础（王飞，2017；杨劬等，2017；王文军等，2018）。

试点碳市场的设计充分考虑了我国经济和社会发展中的相关特殊问题。例如电力和热力行业受到较严格管制带来的成本增加不能向下游自由传导，以及与碳市场有直接交叉影响的各种节能政策并存等。同时，不同试点碳市场的设计考虑了各自区域的实际情况，针对相关问题的处理设计了不同的机制，将覆盖的行业范围和控排主体的排放纳入门槛、配额分配方法、抵消机制、价格调控、配额清缴和履约机制等方面有着显著差异，而这种差异性设计带来的实际减排效果的异同，为全国碳市场提供了解决相关问题的多元化参考。

通过参与试点碳市场的建设和运行，一批碳市场参与主体，包括主管部门、控排单位、第三方核查机构、交易所和投资机构的控排意识和能力得到了极大提高，他们积极帮助非试点地区进行能力建设，在全国碳市场的建设中起到了种子的作用。一项针对试点碳市场纳入单位的大规模问卷调查表明，试点碳市场纳入的控排单位中一半以上已经制定了内部的减排战略，三分之一建立了专门的碳交易部门，四成以上在其长期投资决策中考虑了碳价的影响（**Deng** *et al.*, 2018）。此外，试点碳市场的纳入行业和控排单位在温室气体排放控制方面的成效也远好于未纳入的行业和排放单位（沈洪涛等，2017）。

　　试点碳市场运行中存在的问题也为全国碳市场的建设提供了教训。由于部分试点启动较为仓促，准备工作并不充分，政策设计、能力建设等方面的基础工作不够完善，直接导致部分试点地区的碳价透明度有限，不能反映实际的温室气体减排技术水平和减排成本，影响了企业参与碳市场的积极性。此外，由于试点地区在市场运行方面缺乏经验、边学边干，不断修改完善政策规则如拍卖机制、CCER 使用规则、价格涨跌幅度等，对市场产生了不良影响，影响了市场参与者的信心。部分试点试图在薄弱的法律和行政结构下执行合规要求，加上本身存在机制设计上的缺陷，导致试点存在很多亟待解决的问题，如奖罚畸轻畸重、激励机制尚未完善、碳交易平台定位模糊和碳交易信息披露延迟等问题（汪明月等，2017），试点运行过程中出现这些未有效解决的问题会对全国碳市场建设产生负面影响（Munnings *et al.*, 2016）。

（二）过渡中的主要问题和解决方案

　　随着全国市场的建设运行，试点碳市场与全国市场的衔接已成为市场参与方关注的重点和不可回避的问题。试点过渡到全国市场存在以下几个关键问题：第一，覆盖范围可能重合。各试点当前的覆盖范围各不相同，既包含全国市场近期计划纳入的行业，也包括其他未计划纳入的行业。这两类行业在全国碳市场中如何顺利纳入、同时避免双重管制，是需要重点解决的问题。第二，配额分配机制问题。七个试点碳市场都不同程度上存在配额分配偏松从而导致配额供给过剩的情况，而试点的配额是否可以转结至全国市场下的配额需要宏观考量（刘汉武等，2019）。第三，MRV 体系建设标准。在七个试点中，各地对核查机构和核查员的要求不完全相同、对核查工作的监管能力和力度也不同，这导致各地排放数据的质量存在差别，配额分配的公平性受到影响（张昕等，2017）。随着试点市场向全国市场过渡，需要各试点市场与全国市场主管部门在政策、制度、人才、主体参与、平台选择等多方面做好协调安排。

第二节 全国碳市场的法律基础

作为政策创设的强制性市场，"立法先行"是国际碳市场的惯例，但我国碳市场建设却呈现"政策先行、立法严重滞后"的特点（吕忠梅等，2016；齐绍洲等，2016）。基于对国际和国内碳市场在立法建设中的经验教训的分析，学者们对我国试点碳市场和全国碳市场的法律基础提出了多方面的完善建议。

一、国际与国内经验教训

国际与国内碳市场在法律建设上的经验和教训主要体现在立法层级和制度的合法性两个方面。

（一）立法层级

国外碳市场一般是由专门的法令或者法案确立，例如欧盟的《建立欧盟温室气体排放配额交易体系指令》《温室气体监测和报告指南》等基础性指令和后续的调整指令，将碳市场纳入金融市场管理范围的《金融市场工具指令》《反市场滥用指令》，美国加州的《全球变暖应对法案》（Assembly Bill No. 32, AB32），澳大利亚《2007 年国家温室气体与能源报告法》等。

从国外的实践经验来看，立法是 ETS 约束力的有力保障（吕忠梅等，2016）。EU ETS 中的指令是由欧洲议会和欧盟委员会联合颁布的法律文件，所有欧盟成员国必须遵守其相关规定，并需要通过立法程序将指令内容在本国落实实施，保证了碳市场的强制性和约束力。美国加州的《全球变暖应对法案》以州级法律的形式确定了加州温室气体减排目标，并指定加州空气资源管理委员会负责制定相关计划指导减排行动，这为加州减排体系提供了坚实的法律基础，并为应诉相关环境诉讼案件提供了法律依据（戴凡等，2014）。

我国试点碳市场中，只有深圳市和北京市以地方人大常委会决定或者规定这种具有地方法律性质的文件确立了碳市场的法律基础，而其他试点则采取地方政府规章、规范性文件的形式。以政府规章和规范性文件确立的试点碳市场，其相关工作推进必然受到一定制约，最根本的原因则在于政府令对违规行为的处罚类型和惩罚力度都受到严格限制。尽管规章和规范性文件可以通过详细、可操作的规定为碳市场政策的落地实施提供技术保障，但由于法律位阶低、惩罚力度弱，仅能发挥"指导作用"，并不能由国家强制力保障实施，导致法律约束力不足，行政执法手段缺乏强制性（蒋志雄等，2015；王彬辉，2015；范英等，2016）。

（二）制度合法性

我国试点碳市场建设的司法救济途径不畅，这除了大多数试点的立法层级较低外，还源于试点碳市场基本制度设计的合法地位没有上位法律支持，二氧化碳的法律地位和碳排放配额的法律属性尚未确立或明确。EU ETS 下以指令为主要形式的根本性立法方式，是排放配额法律属性确认的有力保障（谢伟，2013）。美国《清洁空气法案》将二氧化碳认定为空气污染物，根据空气污染分区治理的原则，各州可以根据自身情况将空气质量管理的权力赋予特定机构。加州《全球变暖应对法案》这一州级法律将应对气候变化的职责赋予加州空气资源管理委员会，并确立了温室气体减排和市场机制的法律地位（戴凡等，2014）。但就我国而言，作为国务院部门规章的《碳排放权交易管理暂行办法》和各试点政策体系均未明确碳排放配额的法律属性，这导致后续工作的开展和落实面临较多的障碍（王彬辉，2015；吕忠梅等，2016）。

对碳市场主体权利侵害的救济是维护碳市场秩序、维护和实现碳市场主体权益的重要保障，而碳排放配额法律性质的确立对司法救济而言至关重要

（李伟，2017）。碳排放配额融合了政府权力与私主体权利，是兼具公法与私法性质的法律行为（王彬辉，2015），而私法对保障碳市场参与主体合法权益存在缺陷（陈波，2017），试点碳市场中对履约或交易环节的侵权行为的司法救济保障不足，救济方法主要是行政救济，司法救济并未得到立法者足够重视（李伟，2017）。

因此，根据国内外已有碳市场的法律基础建设经验，在建设全国碳市场时，应当出台行政法规层级以上的法律文件，保障碳市场的法律强制性，并从根本上明确碳排放配额的法律性质、确立 ETS 制度的合法性。最理想的情形，是通过人大常委会立法明确碳排放权交易制度的法律地位和碳排放配额的法律属性，明确各相关方的义务与权利，保障碳市场的运行环境稳定化、法治化；通过人大常委会立法或国务院行政法规设立行政许可，明确行政处罚强度和措施，明确各监管部门的职责分工，明确配额有偿分配收益的使用途径；在此基础上颁布具体实施细则保证体系的透明性。

二、《碳排放权交易管理暂行办法》分布

全国碳市场的设计和有效运行需要借鉴国内外碳市场的设计和运行经验。对全国碳市场建设的法律需求以及《立法法》《行政处罚法》和《行政许可法》等法律要求的分析表明，需要以法律或行政法规作为全国市场最根本法律基础。这主要是为了解决以下几个方面的问题：①有效的配额分配和清缴制度、核查机构资质管理制度和交易机构资质管理制度需要设立行政许可；②突破部门规章等低层级规范在经济处罚额度等方面的限制，需要设立足够高的处罚力度，以督促企业履约，保证体系的强制性；③需要规定各主要利益相关方的权利义务，包括明确政府各相关部门的职责分工。

2014 年，"研究制定全国碳排放权交易管理办法"被列入当年的中央全面深化改革领导小组年度重点工作安排，正式开启了全国碳市场立法工作的

进程。国家发展和改革委员会于同年起草了《碳排放权交易管理暂行办法》（以下简称《暂行办法》）①提交国务院，申请以国务院条例的形式发布。根据相关的法律法规的要求，相关部门以多种形式，公开透明地征集了相关政府部门、研究机构、专家、专业咨询机构、覆盖行业和公众等的意见，包括书面意见征询、专门会议和非正式会议、双边或多边座谈会等（Duan et al.，2017）。《暂行办法》最终由国家发展和改革委员会审议通过，并于 2014 年底以国家发展和改革委员会令的形式发布。

尽管《暂行办法》的出台为全国碳市场的建设和启动工作提供了依据和基本框架，但作为部门规章受位阶限制，其强制力还存在欠缺，例如行政干预权限的效力层级较低，行政干预碳市场的内容和权限不明晰。《暂行办法》属于行政规章，效力层级较低，给政策贯彻落实和部门间协调监管产生消极影响；在具体规定中没有明确指出主管机构和相关部门如何管理交易环节；没有直接对参与主体相关行政法律责任的规定，使行政干预在执法手段上缺乏强制性，仅能从民商事赔偿和刑事处罚的角度追究参与主体的违法违规行为责任，未能取得良好的震慑效果（吕忠梅等，2016；陈波，2017）。此外，《暂行办法》仍未明确碳排放权的法律属性，权利主体在权利受到侵害时是否能获得司法救济、获得司法救济的方式能不能得到有效保障，碳交易主管部门注销过剩配额行为的正当性和合法性也未能明确（吕忠梅等，2016）。

三、《碳排放权交易管理案例（送审稿）》发布

《暂行办法》属于国务院部门规章，无法设立行政许可，不能完全满足全国碳市场建设和运行的需要，因此需要为全国碳市场确定更高层级的法律

---

① 国家发展和改革委员会应对气候变化司：《碳排放权交易管理暂行办法》，2014年。

基础。国务院条例作为行政法规，既可以解决全国体系建设和运行中的关键问题，立法周期也相对较短，是针对全国碳市场立法的一个合适选择。为此，国家发展和改革委员会在《暂行办法》发布后组织专家对其内容做了进一步提炼和简化，同时聚焦于需要更高层级立法解决的关键问题，起草了《碳排放权交易管理条例（送审稿）》（以下简称《条例（送审稿）》），作为行政法规提请国务院审议。

在《条例（送审稿）》的编制和讨论过程中，各方的意见和建议主要集中在以下几个方面：①部门职责分工。有部门建议设立全国碳市场管理部门联席会议，由碳市场主管部门会同其他相关部门共同对全国碳市场进行监管。②区域差异。部分省份提出东中西部地区发展差异较大，建议明确体现地区差异、区别对待的原则。③核查机构资质。部分省份建议由省级主管部门负责确认核查机构资质并进行管理。

《条例（送审稿）》吸收了试点市场的宝贵经验，更进一步理顺了全国碳市场的监管体制，努力平衡中央和地方、主管部门与相关部门、监管者与被监管者等冲突；但其本质上仍是一部政府监管法，强调碳市场监管主体的职权和控排主体的减排义务，缺陷仍然较多（吕忠梅等，2016），总体来说我国碳市场的立法工作依旧任重而道远。

第三节　全国碳市场的基本要素

一、覆盖范围

碳市场覆盖范围的划分本质上是政策收益和政策实施成本之间的权衡。理论上说，提高政策收益需要纳入尽可能多的排放行业和排放源，但纳入范围的扩大必然会提升更高的管理成本，降低了体系的成本效率，因此，需要在市场规模和成本控制之间作出权衡，选择合理的纳入标准，并据此设定覆盖范围。覆盖范围的设定不但影响碳市场的交易成本，同时也影响市场结构，进而最终影响碳市场政策效率（Wang *et al*., 2018）。设定过程需要综合考虑多方面的因素，包括相关排放源的排放特征、减排潜力、减排成本、数据基础，以及政策协调、管理成本、碳泄漏可能性和社会福利因素等（佟庆等，2015；Qian *et al*., 2018）。

覆盖行业选择是覆盖范围设计的首要和核心环节。首先，从成本效率的角度来说，碳市场政策设计应优先考虑纳入排放总量大、排放强度高、减排潜力大的行业（Mu *et al*., 2018），但同时应当考虑相关行业的管控难度和成本，包括数据基础、MRV 成本等（曹静等，2017）。其次，覆盖行业的选择还应综合考虑我国的产业结构、产业发展状态和环境目标等，努力协调碳市场与其他宏观调控政策，最大化协同效益，推进产业转型升级，促进其他节能减排政策目标的实现（邵鑫潇等，2017）。最终，全国碳市场拟纳入石化、化工、建材、钢铁、有色、造纸、电力和航空等八大行业，尽管模型分析表明，仅纳入这些行业并不能实现总减排成本最低，但增加更多行业部门并不能显著改善减排效果（Mu *et al*., 2018）。考虑到相关行业的产品结构、排放量、减排潜力、数据可得性、数据质量、企业的相关意识和能力，全国市场在最初阶段主要对产品结构单一的发电、水泥和电解铝三个行业进行了比较深入的配额分配方法的研究，而全国市场的最初运行也将仅纳入发电行业。随着制度的逐渐成熟、配套政策的完善以及管理和技术水平的提高，全国碳市场将逐步扩大所覆盖的行业范围，体现了稳中求进的理念。

控排主体的纳入门槛是覆盖范围决策中的另一个重要因素，直接影响全国碳市场的规模，并与配额分配、交易活跃程度和控排主体的履约成本密切相关（张昕，2016）。"抓大放小"是国内外碳市场覆盖范围划定的普遍策略（佟庆等，2015），但排放门槛的量化则需要综合、科学考虑纳入行业的实际排放和减排目标，包括 ETS 减排目标、行业发展目标等。管控力度越高，则可以设定越低的排放门槛（张昕，2016）。确定纳入行业的考虑因素包括市场结构、行业内排放分布、减排潜力分布、减排成本差异性、MRV 水平、行业间和地区间的差异等（张昕，2016; Mu *et al.*, 2018）。另外需要特别注意行业内部的碳泄漏问题，避免不合适的排放门槛设定形成对行业内规模较小、技术水平较低的企业的变相补贴（Qian *et al.*, 2018）。

确定排放源边界主要是为了界定覆盖范围内的管控对象，同时确定 MRV 和履约的基本单元。我国各试点和全国碳市场纳入的控排单位均为具有独立法人资格的企业或事业单位，而国外 ETS 主要以设施作为排放源边界；但实际上，地理边界接近、提供同一产品或服务的一系列设施可以定义为同一设施，且提交排放报告、参与交易和履约的主体也是设施运营者（佟庆等，2015）。因此，从碳市场设计的角度来讲，将排放源边界定义为企业还是设施并没有太大的差异，只需要配额分配、MRV 规则和履约等方面的设计与之保持一致即可。从与我国现行的统计制度以及与其他节能减排政策相协调的角度而言，无论是从数据质量控制、减排策略的可操作性还是更大程度发挥碳价格信号以刺激企业进行战略调整等方面来看，将企业或法人定义为排放源边界更具有优势（佟庆等，2015）。因此，全国碳市场将沿用试点碳市场的做法，将企业或法人作为排放源边界的界定标准。

与国外主要碳市场通常只纳入直接排放不同，我国各试点和全国碳市场除了纳入直接排放外，也纳入了电力与热力消费中包含的间接排放，这是由我国电力市场特征决定的。发电行业作为能源消费大户，是温室气体排放控制政策重点监管的对象，但他们同时也是能源的中间转换部门，其电力生产主要供其他行业消费（Zhang *et al.*, 2014; 曹静等, 2017）。依据"污染者付费"原则，其他工业行业、第三产业和居民应当承担这部分温室气体排放的外部成本。但由于我国电力行业的市场改革还未完成，很大程度受政府管制，集中体现在零售电价由国家主管部门确定等方面（Zhang *et al.*, 2014; 曹静等, 2017），因此仅将发电行业纳入覆盖范围并不能将碳排放的成本信号传递给电力的最终消费者。而将间接排放纳入覆盖范围，可以促使工业用户节约使用电力，从而使得发电行业的碳排放量降低（Chernyavs' Ka *et al.*, 2008；何崇恺等, 2015；Ju *et al.*, 2019）。因此，纳入间接排放与现阶段我国的电力市场管制、价格传导不完善、电力用户行业分布特征等实际情况密切相关，是针对现阶段中国国情的特殊安排。尽管全国碳市场同时纳入直接排放和包含电力与热力消费的间接排放，但通过配额分配环节对间接排放的二次分配、在 MRV 和履约环节二次核算，实现了对温室气体减排的双重管制，是受限于不完全竞争的电力市场这一实际情况做出的合理优化（Qian *et al.*, 2018）。

二、配额总量

配额总量的设定可以分为"自上而下"和"自下而上"两种方式：前者首先根据社会总体或行业层面的碳排放控制目标确定碳市场的配额总量，将控排主体的总排放量限制在配额总量的范围内；后者则先按一定的分配规则确定碳市场控排主体应得的配额数量，然后合计得到整个体系可得的配额总量（Pang *et al.*, 2016）。"自上而下"的总量确定方式意味着整个体系内的配额总量是确定的，但受经济发展状况的影响，整个碳市场的配额相对多寡状况却存在很强的不确定性；与之相反，"自下而上"的总量确定方式意味着整个碳市场的配额总量可以根据经济活动强度调整，但整个碳市场配额的相对松紧程度却可以控制在一定范围内。

（一）"自上而下"的总量设定方式

EU ETS、RGGI、加州和魁北克等碳市场多采用"自上而下"的方式确定配额总量，即基于整个地区的排放总量控制目标和覆盖范围确定碳市场配额的绝对上限，免费和有偿分配的配额合计不超过这一上限。采用"自上而下"总量设定方式的地区具有一些共同的特征。第一，在政策目标方面，这些地区大多以国际协议或国内立法的形式确立了温室气体排放控制的绝对目标，并基于 ETS 覆盖范围和各行业的减排目标，将绝对控制目标分解到 ETS 部门和非 ETS 部门，从而确定 ETS 部门的配额总量上限。第二，在经济方面，这些地区的发展大多已经进入成熟和稳定阶段，从宏观周期来看，其经济活动水平相对稳定，温室气体排放变化幅度不大，绝对总量的存在对其经济发展的负面影响不会很大。

相对于采用"自下而上"的方式而言，采用"自上而下"方式设定配额总量，碳市场面临的有效性风险更大。尽管可以通过规则在一定程度上调节（例如 EU ETS 的延迟拍卖和加州碳市场的分阶段拍卖），但与"自下而上"的方式相比，"自上而下"的总量设定方式更具有绝对意义，有更强的确定性（Zeng *et al.*, 2016），总量的调整空间更小。由于配额总量是提前预设的，而未来的经济发展存在不确定性，随之而来的风险包括两种情形。一是经济活动水平远高于预期，预设的配额总量过低，配额严重短缺，配额成本或减排成本过高，从而对企业生产造成过重的负担，对经济发展造成显著的负面影响。二是经济活动水平远低于预期，预设的配额总量过高，配额严重盈余，配额价格过低，碳价信号失去减排激励作用，严重威胁碳市场的有效性和成本效率。我国部分试点的特定行业曾遇到了配额分配过紧的挑战，而 EU ETS 和 RGGI 受全球与区域排放、经济形势的影响，更多地面临着配额分配过松的风险。因此，采用"自上而下"方式设定的合理总量需要事先平衡减排激励的有效性和限制经济发展的负面影响，对未来经济发展和排放量变化趋势的预测准确性提出了很大的挑战。

总量设定是量化的温室气体排放控制目标，需要历史数据和未来趋势预测两个方面的数据支撑。"自上而下"的总量设定方式要求对未来经济发展和排放量变化趋势进行准确的预估，对数据的要求更偏重对未来趋势的预测，这既要基于历史排放数据和历史经济增长趋势对温室气体排放水平的未来发展趋势做出预测，又要综合考虑消费结构、产业结构和排放结构等结构性变革因素的影响，对预测结果做出修正，并需要提前设置应对预案，考虑内外政治经济环境变化对配额总量的影响。

（二）"自下而上"的总量设定方式

若经济增长和排放水平变动趋势存在较大的不确定性，"自上而下"的总量设定方式的风险水平或预测工作的难度会大大超越其优越性，而"自下而上"的总量设定方式对预测情形与实际情况的偏离程度要求不那么苛刻，对经济发展和排放情况存在较强不确定性的经济体来说更有优势。我国试点碳市场更偏好"自下而上"的配额总量设定方式，一方面由于经济活动水平的不确定性，另一方面也是延续了我国温室气体排放控制政策一直以来采取强度形式的目标惯例（Pang et al., 2016）。"自下而上"的总量设定方式并没有预先设定配额的绝对总量上限，其实际上限更依赖于覆盖范围内企业的当期生产活动水平，即配额总量是不确定的——绝对总量控制目标在某种程度上相当于名义总量（Pang et al., 2016），但经济景气程度对减排激励作用的影响也相对较小。

采用"自下而上"的设定方式，碳市场的实际配额总量需要基于覆盖范围内所有企业应得的配额数量合计算得。因此免费配额的分配方法间接决定了体系配额总量，并直接决定了配额的相对松紧程度。对于以免费分配为主的我国试点和全国碳市场，免费配额分配方法的确定显得尤其关键。尽管"自下而上"的总量设定方式对未来发展趋势预测的准确性要求相对不那么严苛，但如果要实现温室气体总量控制的绝对目标，采用"自下而上"的总量设定方式同样需要对经济发展和排放变化趋势做出合理的预测，并综合考虑排放强度和绝对总量，科学合理地选取相关参数（Zeng et al., 2016）。

（三）总量设定的混合方法

"自上而下"和"自下而上"两种总量设定方式在减排激励的有效性

和实践的可操作性方面各有利弊，同时，全国碳市场面临着复杂的经济和技术问题，即减排目标的特殊性、经济形势的不确定性、数据基础的薄弱性和信息的不对称性。因此，全国碳市场采取了"自上而下"和"自下而上"相结合的方式以整合其总量、覆盖范围和配额分配。

全国碳市场的总量设定充分考虑了宏观碳减排政策目标和配额分配方法设计，保证"自上而下"设定的配额总量与"自下而上"计算得到的配额总量一致，即首先根据碳市场的覆盖范围确定碳市场对整个经济的排放总量控制的贡献水平，然后基于对整个经济的碳强度下降率、覆盖行业经济增长率和分行业活动水平的预测，协调确定配额分配基准值等参数（张希良，2017）。

（四）配额总量设定面临的挑战与完善

将"自上而下"和"自下而上"两种方式相结合设定配额总量，可以通过科学合理的参数设计，尽可能发挥两种总量设定方式的优势，避免使用单一方式带来的风险。但这种混合方式无疑会增加总量设定的复杂程度，例如需要综合考虑碳强度下降目标、碳市场对完成全社会碳减排目标的贡献率、碳市场覆盖范围、配额分配的行业基准值和碳市场所覆盖行业经济发展等关键指标（张希良，2017），这对数据质量和预测准确度提出了很高的要求。另外，尽管此种混合方式在很大程度上考虑了全国碳市场面临的特殊问题，但仍存在很大挑战，包括地方差异和全国统一规则之间的协调、地方政府对覆盖行业的自主选择以及配额分配方法的合理性、地方和国家的博弈等。

温室气体排放总量目标的实现易受到其他节能减排政策效果的影响，例如可再生能源比例目标对区域电力生产结构和电力调度的影响，因此，需要在总量设定时对这些政策不确定性因素加以考虑，保证最优的政策组合效果。

三、配额分配方法

配额分配是碳市场建设中需要解决的关键且复杂的问题之一，也是行政色彩最鲜明的一个环节（段茂盛等，2014；熊灵等，2016）。配额的分配方法是决定碳市场价格和交易活跃度的关键因素，并直接影响碳市场的减排有效性（Pang *et al.*, 2015）。配额的初始分配主要采用免费分配、拍卖、以政府规定的固定价格出售等方式，分配方法直接决定了纳入碳市场的企业所能获得的免费配额数量，进而决定了企业履约成本。在碳市场实施初期，一般会考虑采用免费的分配方法将一定比例的配额分配给企业，以控制碳市场可能造成的企业生产成本上升。

配额分配的方法设计是一个 ETS 建设中最为核心也是最复杂的环节，是相关学术研究的焦点。目前关于配额分配方法的讨论主要聚焦于其对碳市场运行和建设的影响、面临的关键问题、可能的分配方法、关键行业的分配方法等方面。

（一）对碳市场运行和建设的影响

配额分配方法是配额分配的规则，直接影响了配额市场的供求关系，进而影响碳配额的市场价格。在强制履约的要求下，市场价格将会刺激企业调整生产及减排策略（Zhang *et al.*, 2015）。配额分配既包括配额总量的切分，又包括配额的配发（熊灵等，2016）；既是碳市场设计的关键要素，直接影响政策效果，也是碳市场运行的关键环节，决定了碳市场设计的难度和运行的可操作性。一般来说，可从政治和技术两个角度分析配额分配方法对碳市场建设与运行的影响。

从政治的角度而言，配额的分配方法直接决定了 ETS 在刺激减排方面的政策效果，而一个行业或地区所有控排主体分配得到的配额多寡则直接影响配额分配在行业或地区间的公平性和政治接受度（Yu *et al.*, 2014; Zhang *et al.*, 2014; 于倩雯等，2018）。免费分配方法设计和具体参数的选择决定了控排主体可以免费获得的配额数量，影响控排主体的交易及减排行为（黄宗煌等，2017），进而影响碳市场的减排效果。因此，配额分配方法直接决定了碳市场这一政策工具的减排有效性（Liu *et al.*, 2017）。但过分严格的分配方法可能对企业生产和宏观经济发展造成不利影响，例如企业为避免 ETS 带来的经济负担，将生产搬迁至不受 ETS 管控的地区，即产生所谓 "碳泄漏"（Sun *et al.*, 2019），造成资本流失，不利于行业健康发展和社会稳定，使配额分配方法的执行面临较大的政治阻力。而从行业和地区的角度来看，减排压力和效果的平衡则意味着地区和行业间的公平性以及随之而来的政治接受度变化（Zhang *et al.*, 2014; Kong *et al.*, 2019）。总体来说，更严格的分配方法意味着更强的约束力、可以实现更高的减排目标；但更高的目标意味着更高的减排难度和更重的经济负担，并将降低碳市场的政治接受度。因此，配额分配方法的设计需要在运行效果预期和政治接受度之间做出权衡。

从技术角度而言，由于不同的配额分配方法涉及的参数不同，基础数据统计需求水平的高低也存在很大差异（熊灵等，2016），分配方法划分越详细、越复杂，对基础数据统计水平的要求越高，具体参数选取的难度越大。基本框架和参数选取要符合所覆盖的行业和企业的基本特征和核算水平，保证制定的分配方法切实可行，需要考虑不同分配方法所涉及各种参数核算的技术可行性和数据水平要求，尤其是企业数据的可获得性和数据质量方面的挑战（Zeng *et al.*, 2018）。

（二）配额分配方法确定面临的关键问题

配额分配方法既要保证体系减排目标的适当严格程度，以有效支持全社会排放总量控制目标的实现，又要避免带来太大的政治阻力，需充分考虑经济发展和技术进步的不确定性问题以及地区之间的公平性问题，找到一个平衡不同需求的解决方案。

温室气体排放与经济活动强度密切相关，因此，经济发展形势的不确定性会给碳市场促进减排的作用带来很大的未知挑战。配额分配方法及具体参数的选择包含了政策制定者对未来一段时间经济形势的预测，但是经济发展受到多方面因素影响，如金融危机发生、消费理念变化、国际政治关系演变等，因此经济发展形势的预测难度很大。为提高政治接受度，决策者在确定配额分配方法时一般会尽量避免对经济增长的严重负面影响，因此在面临经济的不确定时，倾向于选择比较乐观的假设，从而使配额分配相对宽松，削弱 ETS 对企业减排的负面刺激作用。

技术进步的不确定性对确定行业基准值提出了另一个重要挑战。ETS 能够在一定程度上促进纳入企业和整个经济体的低碳发展，但这种促进作用很难预测。首先，ETS 覆盖范围内的企业和设施的技术进步与 ETS 本身设计的严格程度密切相关，但在 ETS 实施之前或实施过程中，很难准确预测减排激励的作用程度。其次，除了 ETS 本身的设计特点之外，其他如低碳技术成本降低、经济形势变化等客观因素也加大了 ETS 对技术进步促进作用的不确定性（Schmidt *et al.*, 2012）。第三，ETS 覆盖范围内的企业除了受到 ETS 影响之外，还受到节能、可再生能源等政策的多重管制，这些政策会直接或间接促进 ETS 覆盖企业的技术进步或低碳技术应用，进而影响其碳排放。实施 ETS 以后，政府未来可能实施的其他政策是未知的，进一步增加了 ETS 覆盖企业技术进步的不确定性。以上不确定性导致难以准确预测配额分配方法对企业减排带来的压力。

区域公平问题是配额分配方法确定时应重点关注的另一个关键问题。区域公平问题主要源于全国碳市场覆盖范围广，各地的经济发展水平、产业结构和工业生产技术水平不均衡情况显著，忽略地区差异不但影响区域经济和产业发展、造成碳泄漏，还会对市场效率造成不利影响（胡东滨等，2018; Sun *et al.*, 2019）。因此，全国市场中的配额分配还应考虑不同区域的排放效率

（Kong *et al.*, 2019）、经济发展水平、能源禀赋、排放强度（Yu *et al.*, 2014）及能源或碳在地区间输入输出的情况（Zhang *et al.*, 2014）等因素。

可操作性是配额分配方法确定时面临的另外一个挑战。全国碳市场绝大多数行业采用行业基准值法或历史强度下降法分配配额，与历史排放法相比，行业基准值法或历史强度下降法需要大量的、多种数据类型的设施层面数据，而设施层面历史数据的不可获得性和精确性不足，意味着配额分配方法参数选定面临巨大挑战（Zeng *et al.*, 2018）。另外，数据质量往往取决于核查工作质量，从试点经验来看，核查工作中存在活动水平数据交叉核对不一致（邓春雨等，2018）、政府与企业博弈影响数据准确性（刘学之等，2017）、第三方机构核查的独立性难以保证（孙永平等，2017；汪明月等，2017）等问题，这也导致配额分配实践工作面临巨大挑战。

（三）配额分配方法的选择

根据试点经验，尽管拍卖分配能够有效发现市场价格、降低管理成本、减少寻租行为，但也会相应提高企业履约成本，增加碳市场实施的政治阻力（鲁政委等，2016），因此全国碳市场建设初期应以免费分配为主，未来逐步提高有偿分配比例（Wang *et al.*, 2016；徐铭浩，2017）。

尽管免费配额分配方式可以减少推行阻力，但其固有缺陷不可避免，例如不利于不同时期配额分配的一致性，有失公平、效率低下（袁溥等，2011）。所以，效率和公平是免费分配方法设计需要着重关注的问题，主要包括行业内部、行业间和地区间三个层面的效率与公平。在行业内部，既要避免"祖父法"对先进企业"鞭打快牛"的负面作用，又要降低行业基准值法对落后企业的"拔苗助长"效应（杨军等，2017），因此全国碳市场纳入行业大多采用行业基准值法，但对于行业内部差异较大的行业，应考虑设置多条基准值，引导逐渐向统一的行业基准值趋近。在行业间，配额分配应注重不同行业碳减排目标的差异性公平，兼顾公平和效率原则，考虑减排责任、减排能力和减排潜力等各方面因素（张潇等，2018），并在配额分配方法的动态调整中考虑不同行业的敏感性（Pang *et al.*, 2018）。此外，配额分配方法应与碳市场的其他要素协调适应，尤其是总量目标的实现、MRV 水平，作为碳市场与其他相关政策协调的抓手，在参数选定过程应充分考虑国家、地区和行业原有节能减排目标水平（张希良，2017）。

全国碳市场的配额分配在初期将以免费分配为主，主要采用基于企业当期实际产量的行业基准值法进行配额分配，并通过配额分配的事后调节减轻宏观经济波动对控排主体碳排放的影响，适应经济转型时期的巨大不确定性（Pang *et al.*, 2016）。可以根据各行业存在的技术差异等实际情况，针对每个行业设置多个基准值或考虑多种因素的调整系数，这将在一定程度上解决地区差异等问题带来的公平性问题。但过高的基准值可能会削弱对企业的减排激励作用（Stoerk *et al.*, 2019）。

（四）部分行业的分配方法

全国碳市场遵循"先易后难、循序渐进"的建设思路，首先纳入发电行业，并将在条件成熟后逐步纳入建材、有色、石化、化工、钢铁、造纸、航空等多个高耗能、高排放行业。

电力行业。电力行业是温室气体排放的主要行业，同时数据相对规范、完整、可信度高。不少学者针对我国电力行业的配额分配问题进行了研究，提出了多种可能的配额分配方法，如基于"祖父法"和行业基准值法的可调分配机制（曾鸣等，2010；骆跃军等，2014）和基于发电绩效的分配模式（王敬敏等，2013）等。对比历史排放法和行业基准值法两种分配方法，基于产出的行业基准值法更加环境友好（Cong *et al.*, 2010），但应适当向高能效方向倾斜（朱德臣，2017）。与其他排放密集型行业相比，电力部门作为国民经济的基础部门，电力市场一直以来受到高度管控（Xiong *et al.*, 2017），应从生产和消费两端同时对电力行业的排放进行控制（骆跃军等，2014）。

电解铝行业。电解铝是有色金属行业纳入 ETS 的两类产品之一。有学者提出并对比了电解铝行业使用历史排放法和行业基准值法（包括基于历史产量的基准值法、分类基准值法和行业基准值法）的优劣。对于电解铝行业而言，历史排放法不能考虑近年来很多铝企业处于限产和停产状态的宏观形势；分类基准值法按照电流强度分类，尚缺乏大量的基础工作支撑；行业基准值法则需要特别注意不同区域电网排放因子差异引起的配额分配不公平问题，及其可能对电解铝行业的战略布局产生的相关影响（杜心，2016）。

水泥行业。水泥行业的一大特点在于区域竞争，即区域市场的水泥供应主要由某一家水泥生产集团主导，如重庆和广东的中国建材集团，安徽的海螺水泥，湖北的华新水泥、葛洲坝集团和亚洲水泥等。由于全国市场将使用统一的配额分配方法，因此如何从区域市场过渡到全国市场是水泥行业非常关心的问题。电网排放因子取值等与当地水泥生产密切相关的参数设定是水泥企业重点关注的配额分配细节（尹靖宇等，2018）。

石化行业。与其他行业相比，石化行业具有产品复杂的特点，并且每种生产线同时产出其他副产品，因此，EU ETS 纳入了如炼油、乙烯、芳烃、制氢、环氧乙烷和其他石化产品。如果全国碳市场对石化行业采用行业基准值法进行配额分配，应按照各行业先进水平的平均设施效率制定基准值，对于联产多个产品的行业，不应以某个产品作为基准项，而应灵活设置，如乙烯行业建议聚焦高附加值产品，芳烃行业建议采用二氧化碳加权吨（CWT）的方法（田涛等，2017）。对于炼油行业，采用能量因数法的配额分配方法简单易行，建议后期加强炼油厂装置排放数据监控，积累数据并建立基于炼厂装置的生产绩效配额分配方法（王北星等，2017）。

四、数据

（一）数据质量的重要性

碳排放数据的真实和准确与否直接影响配额总量设定、配额分配方法确定、配额分配与企业履约的合理性和有效性，以及体系的政策效果。不准确的数据可能会导致所设定的配额总量过紧或过松。由于碳市场总量是基于经济和碳排放预测等进行设定的，预测结果的准确性依赖于历史数据的可得性和准确性（Ellerman *et al.*, 2007; Ellerman *et al.*, 2008）。如果数据的可得性和质量较低，预测结果与实际情况之间就可能存在较大偏差。例如，在 EU ETS 第一阶段（2005~2007 年），由于缺乏准确数据，导致碳排放预测值过高，从而造成配额的过度分配及配额价格的显著下降（Betz *et al.*, 2006; Trotignon *et al.*, 2008）。此外，排放数据是企业履约的依据，蓄意压低可能导致配额富余，从而使得宏观减排目标难以真正实现（Betz *et al.*, 2006）。

同时，有限的数据也会限制配额分配方法的选择。一般而言，相比于历史排放法，使用行业基准值法分配对历史排放强度低的企业更为有利，但基准值的选取依赖于大量设施级数据（Groenenberg *et al.*, 2002; Zhang *et al.*, 2014b; Zhou *et al.*, 2016）。如果基于不完善的设施级数据建立基准值，将导致基准值欠缺科学性和可比性（Buchner *et al.*, 2006），无法获得企业的广泛认可。

（二）数据需求

碳市场的数据需求可以依据数据类型和数据层级两个方面进行分类。数据类型指的是数据的属性，大致可分为六组：①生产数据，指产品种类和产量；②排放数据，指排放量及其计算参数，如能源和原料的种类及消耗量、热值、含碳量、氧化率等；③技术数据，指生产技术和减排技术的信息，如生产和减排技术类型、工艺过程、能源和物料平衡关系等；④管理数据，指企业的内部管理信息，如所有权和控制权结构、工厂布局、组织结构等；⑤经济数据，指 GDP、能源价格、企业利润、产值及成本等；⑥政策数据，指影响一个地区/行业/企业排放的主要政策信息，如区域/行业经济发展和减排目标、重点建设项目计划、人口等。数据层级则指数据的"精细度"，例如区域/行业级别的数据是指整个区域/行业的数据，企业级别数据是指精确到单个企业的排放数据，设施级别数据是指企业内部精确到单个设施（如车间、工序等）的相关数据（Zeng et al., 2018）。

碳市场设计及运行中的各个主要流程，包括确定覆盖范围、设定总量、配额分配和履约等对数据的需求并不完全相同。

覆盖范围的数据需求方面，覆盖范围的确定包括确定覆盖的温室气体种类、排放活动行为、覆盖行业和企业边界，需要考虑排放规模、减排潜力、监测基础、地区政策、纳入企业的承受力等因素。排放规模可用于衡量企业的排放控制责任，需要区域和行业级别的排放数据进行评估。减排潜力可通过对控排主体的生产、排放现状以及减排技术进行评估，数据需求可能包括最佳的减排技术信息、设施级别的技术与排放数据等。企业承受力可根据企业级别的经济数据进行估算，使用控排主体的利润、产值、成本等数据。企业边界包括组织边界和运行边界（ISO, 2006），组织边界是指企业控制或拥有的设施范围，运行边界是与企业运营相关的排放气体种类和排放活动。由于企业所有权、控制权、排放气体种类和活动等均可能因设施而异，因此，确定企业边界所需的数据应包括设施级别的企业管理与技术数据。

总量设定的数据需求方面，"自上而下"的总量设定一般基于排放和减排目标进行，通常可根据公式（1）确定：

$$总量=碳市场的历史/预测排放量×（1–减排系数）\qquad（1）$$

可以看出，"自上而下"进行总量设定需要的数据包括基准年（例如过去三年或五年）的历史排放量或未来年份的预测排放量，以及碳市场的减排目标。排放量可根据所收集的企业级别数据加总获得。基准年排放量、预测排放量和减排系数因为涉及配额总量松紧程度的设定，需要额外的数据支撑。合理的配额总量松紧程度应当介于理想的减排目标和可行的减排措施之间。理想的减排目标可根据预测排放量和排放控制责任进行设定，不同的预测方法对应的数据需求有所不同。例如加州碳市场使用专家判断、趋势推断、ENERGY 2020 和 E-DRAM 模型[1]进行预测，欧盟碳市场使用 PRIMES 和 GAINS 模型[2]进行预测，相应的数据需求包括但不限于从区域/行业级别到企业甚至设施级别的生产、排放、技术、经济和政策数据。而排放控制责任可根据排放和政策数据进行评估，确定基准年及减排系数则需要在做出政策选择并设定可行的减排目标后确定。

　　"自下而上"设定的配额总量主要通过各控排主体的配额累加得到。其数据需求主要取决于配额分配的数据需求，而配额分配方法主要包括拍卖和免费分配。其中，免费分配方法主要包括行业基准值法、历史强度法和历史排放法（Pang *et al*., 2016），具体数据需求因配额分配方法而异。一般而言，拍卖不需要额外收集数据（Harrison *et al*., 2010），免费分配则需要收集大量企业数据。根据公式（2）、公式（3）、公式（4），可知相应的数据需求：

$$历史排放法：配额=历史排放量×分配系数 \qquad （2）$$

$$行业基准值法：配额=历史或实际产量×基准值 \qquad （3）$$

$$历史强度法：配额=历史或实际产量×历史强度×分配系数 \qquad （4）$$

　　基准值指单位产量的排放水平，通常根据行业的排放平均水平和最佳实践水平等数据确定[3]（Groenenberg *et al*., 2002）。历史强度由企业自身历史排

---

[1]California Air Resource Board, 2010. Economic Analysis. https://www.arb.ca.gov/regact/2010/capandtrade10/capandtrade10.htm.

[2]European Commission, 2018. Modelling tools for EU analysis. https://ec.europa.eu/clima/policies/strategies/analysis/models_en.

[3]European Commission, 2011. *Data collection guidance*. https://ec.europa.eu/clima/policies/ets/allowances_en#tab-0-1.

放水平决定。分配系数反映配额低于历史排放或强度水平的程度，一般取值为 0 到 1 之间（Pang *et al.*, 2016）。根据以上公式，基准值和历史强度的确定需要产量及排放数据，产量和排放数据的分类需要与基准值或历史强度的分类相对应，为特定基准年的数据。历史排放法同样需要特定基准年的历史排放量。数据层级方面，行业基准值法和历史强度法需要设施级数据（Buchner *et al.*, 2006），历史排放法则只需要企业级数据。此外，为了设定合理的基准值，还应考虑基准年、分配系数和分配政策的松紧程度等因素，因此数据需求与设定总量松紧度的需求类似。

履约方面，则需要确定控排主体必须提交的配额数量，其数据需求主要是企业级别的排放数据。

综合碳市场设计及运行中主要流程的数据需求以及目前全国碳市场的建设思路，可以确定全国碳市场的基本数据需求。目前全国碳市场的覆盖范围已基本确定，覆盖气体为二氧化碳，覆盖的排放包括来自于化石燃料燃烧活动的直接排放、某些行业（例如水泥熟料生产）的工业生产过程排放，以及使用电力和热力的间接排放（Zeng *et al.*, 2018），拟纳入的行业包括发电、石油化工、化工、非金属矿物、有色金属、钢铁、造纸和航空等[①]。总量设定及配额分配方面，全国碳市场总量设定方面采取"自上而下"与"自下而上"相结合的方式，其中以"自下而上"的方法为主（Zeng *et al.*, 2018）。配额分配以基于实际产量的基准法为主（Jotzo *et al.*, 2018），但为活跃配额交易，将先采用历史产量数据给企业预分配免费配额。因此，企业需要报送历史和实际生产数据。从国家主管部门发布的要求来看，除了企业的排放总量数据外，全国碳市场设计阶段的补充数据需求包括生产、排放、技术、管理、经济信息，数据层级因各行业的分配方法不同而异（表 5–1）。

[①]国家发展和改革委员会办公厅：《关于切实做好全国碳排放权交易市场启动重点工作的通知》，2016年。

表 5-1 企业碳排放补充数据提交要求

行业	子行业	生产数据	排放数据	技术数据	管理数据	经济数据
电力	发电	设施级：发电量、供电量、供热量、供热比、运行小时数、负荷率	设施级：化石燃料燃烧、购入电力排放量计算相关参数	设施级：装机容量、压力参数、机组类型、冷却方式		
电力	电网	企业级：供电量、配电损耗电量	企业级：输配电损失引起的二氧化碳排放			
非金属矿物制品	水泥生产	设施级：熟料产量	设施级：化石燃料燃烧、碳酸盐分解、购入电力排放量计算相关参数	设施级：设计产能、海拔高度、协同处置废弃物量	企业级：统一社会信用代码、行业代码	企业级：工业总产值、固定资产合计、在岗职工数
非金属矿物制品	平板玻璃	设施级：分产品产量	设施级：化石燃料燃烧、购入电力排放量计算相关参数			
钢铁		企业级：主营产品名称、代码及产量；设施级：分工序产品产量	企业级：分来源用电量、净购入电量；设施级：化石燃料燃烧、购入电力排放量计算结果、用电量			
石化	炼油	设施级：炼厂原油及原料油加工量、装置级：处理量	设施级：化石燃料燃烧、分来源用电量、电力排放因子、消耗热量、热量排放能量因数			
石化	乙烯	设施级：乙烯、丙烯产量	设施级：化石燃料燃烧、分来源用电量、电力排放因子、消耗热量、热量排放因子	乙烯装置产能		

续表

行业	子行业	生产数据	排放数据	技术数据	管理数据	经济数据
化工	电石	设施级：电石产量	设施级：能源作为原材料产生的排放量计算参数、分来源用电量、电力排放因子、消耗热量、热量排放因子			
	合成氨、甲醇	设施级：电石产量、甲醇产量	设施级：能源作为原材料产生的排放量计算参数、分来源用电量、电力排放因子、消耗热量、热量排放因子、二氧化碳回收量			
	尿素	设施级：尿素产量	设施级：分来源用电量、电力排放因子、消耗热量、热量排放因子			
	轻质纯碱	设施级：轻质纯碱产量	设施级：分来源用电量、电力排放因子、消耗热量、热量排放因子	轻质纯碱生产工艺		
	烧碱	设施级：分产品产量	设施级：分产品电力消耗量、分来源用电量、电力排放因子、分产品热力消耗量、分产品热力排放因子			
	电石法通用聚氯乙烯树脂生产	设施级：聚氯乙烯产量	设施级：分来源用电量、电力排放因子、消耗热量、热量排放因子			
	其他化工产品生产	设施级：主营产品名称、代码、产量	设施级：化石燃料燃烧排放量计算参数、分来源用电量、电力排放因子、消耗热量、热量排放因子			

续表

行业	子行业	生产数据	排放数据	技术数据	管理数据	经济数据
有色	电解铝	设施级：铝液产量	设施级：分来源用电量、电力排放因子	设施级：电解槽容量		
有色	铜冶炼	企业级：分产品产量	企业级：化石燃料燃烧、净购入电力和热力排放量计算相关结果			
造纸		企业级：主营产品产量	企业级：化石燃料排放量、净购入热力排放量计算结果			
民航	航空公司	设施（机型）级：运输周转量	设施（按机型划分）级：燃油消耗量			
民航	机场航站楼	设施级：航站楼旅客吞吐量	设施级：化石燃料燃烧排放量计算参数、分来源用电量、电力排放因子、热量排放因子、消耗热量、热量排放因子			

注：以上信息整理自《2016、2017 年度碳排放报告与核查及排放监测计划制定工作的通知（发改办气候〔2017〕1989 号〕》中的"2016（2017）年碳排放补充数据核算报告算报告模板"。

（三）MRV 体系建设

碳排放 MRV 体系是指针对碳排放数据的监测、报告、核查体系，是保证相关数据高质量获取的制度基础。MRV 体系根据主体类型可划分为区域、组织、项目、产品等层次；根据是否有法律法规约束，可划分为强制性和自愿性监管体系（曾雪兰等，2016）。全国碳市场下的需求是针对企业或生产设施的强制性数据收集体系。

具体而言，监测主要指获取企业数据的过程，包括按照标准化的监测核算方法学，结合企业实际制定排放数据的监测计划（如监测方法、监测设备、监测频次），以及按照监测计划定期获取数据的流程；报告主要指企业按照规定的格式向管理部门报告数据；核查是由第三方核查机构按照相关要求与规范对数据进行独立检查，出具关于数据真实性的评估意见，提升相关排放数据的可靠性。全国碳市场 MRV 体系的建设进展涉及法规体系、技术方法、管理制度、能力建设和信息透明度等五个方面。

MRV 体系的建立需要专门的法律法规以明确规范各参与主体的权利义务，以及 MRV 流程的各个环节。这些文件一般包括四部分：报告核查总体管理文件；企业排放的监测、量化和报告技术指南；用于核查的技术指南、第三方核查机构的资质许可及管理指南。碳市场的良好运行还需要建立配套 MRV 体系的运行评估及监督机制，以不断对其进行完善（郑爽等，2016）。全国碳市场 MRV 法规体系正在逐步建立和完善。2014 年发布的《碳排放权交易管理暂行办法》，对全国碳市场下的排放监测报告依据、报告核查流程、排放复查与确认、违规处罚等方面进行了总体规定。另外，主管部门也发布了针对历史数据收集的工作通知，提出自 2013 年以来企业相关历史数据的收集要求，对报告门槛、行业范围、报告核查流程进行了规定。

技术方法方面，制定全国碳市场的碳排放监测、报告、核查技术方法规范，需要考虑我国的企业统计基础（刘强等，2016），同时也要兼顾未来与全球碳市场衔接的需要，做好与相关国际标准的兼容准备（滕飞等，2012）。全国市场先后发布了包括《企业温室气体排放核算方法与报告指南》（以下简称《核算与报告指南》）、《排放监测计划审核和排放报告核查参考指南》以及《碳排放补充数据核算报告》等文件。

全国市场下的核算边界为从事生产活动的独立法人企业或视同法人的独立核算单位，核算的排放量是企业整体的排放量。这样设定的目的主要是适应我国以企业法人为基本管理单元的社会管理体制的传统（曾雪兰等，2016），这样设计更容易获取数据及旁证材料，同时也更容易明确排放报告的责任主体。此外，考虑到企业边界是经济、管理属性，而非技术属性，对于工艺种类复杂、所包含的生产工序（设施）类别繁多的行业来说，仅获取以企业整体为边界的数据，将会缺乏可比性而难以进行产品或工艺的碳排放效率对标，对进一步制定更具可比性的配额分配方法造成障碍。主管部门后续发布的要求增加了设施层面的数据收集要求，加强了收集数据的可比性，同时也与国际普遍的做法（如欧盟、加州碳市场）相一致。然而，设施层面的数据与企业层面相比更加精细化，对企业的计量基础要求更高，这对我国企业的数据计量和统计提出了新的挑战（刘强等，2016）。

温室气体排放数据监测方法分为计算法和测量法，计算法包括排放因子法和物料平衡法，测量方法包括样本法和连续监测（CEMS）法（孙天晴等，2016），连续监测法由于监测成本方面的原因，在我国较少采用（Zeng *et al.*, 2018）。监测数据来源方面，能源和物料消耗量/输入量/输出量的计量需要满足一定的不确定性要求，且计量仪器需要在正确的条件下安装与运行、定期校准。

全国市场下温室气体监测总体上依托企业原有的能源和物料数据统计监测系统。在消耗量及输入/输出量统计方面，化石能源、物料的消耗量、输入/输出量等基本以企业台账和统计报表为依据，部分行业（如钢铁）以购入和外销量的结算凭证及库存变化计量为依据。电力及热力的活动数据以企业的计量表读数及供应商提供的费用发票等结算凭证为依据。能源数据的计量器具需符合《用能单位能源计量器具配备和管理通则》（GB17167）对配置率、准确度等方面的要求。热值及排放因子的数据，企业可选择实测或使用指南中提供的缺省值，其中发电行业的能源热值、燃煤碳含量须进行实测，相关文件对热值及排放因子实测的监测频次和监测依据进行了严格规定。

管理制度主要包括核查机构管理和数据报告管理。因核查机构的专业性和独立性对数据的真实准确具有非常重要的作用，对其进行严格管理非常必要。管理措施需要注重统一性，包括统一的认可标准条件、统一的认可评审程序、统一的资质证书格式、统一的监管要求，以确保碳排放在全国范围内核查下的同质性，以及地区间、行业间的公平（孙天晴等，2016）。此外，核查机构的管理办法以及核查机构的核查程序也需要注意与国际接轨，这有利于未来推动碳排放核查结果的国际间互认（Wang *et al.*, 2016a）。对核查机构的管理包括事前、事中和事后的管理。事前管理要求建立核查机构和人员的资质认可制度，明确核查机构和人员的资质要求，确定资质认可的方法学与程序，由政府部门（或认可机构）对核查机构和核查人员进行准入考核，取得资质之后方可进行核查工作（Dong *et al.*, 2016）。同时，也可以采取其他事前辅助手段帮助核查，例如在碳市场初期可对核查服务采用政府采购的方式，避免由企业出资的方式影响核查的独立性；应实行核查机构定期轮换制度，避免出现长期核查同一企业可能出现的利益交换；应扩大第三方核查机构的规模、提高核查的行业集中度，使其更加注重自身的声誉与品牌，从而更好地保证核查的独立性。对核查机构的事中管理是指由政府部门（或认可机构）定期对核查机构的核查工作进行监管和考察。对核查机构的事后管理指政府部门（或认可机构）需要对核查后的数据进行复核，如果发现存在错误，相关核查机构和核查人员将会受到一定的处罚，如罚款、缩减核查范围、暂停或撤销资质等（Bellassen *et al.*, 2015）。

全国碳市场的实践中，历史数据收集阶段主要由地方主管部门出资并委托第三方核查机构对企业历史数据进行核查。受碳市场法律层级的限制，国家主管部门并未对核查机构进行统一管理，仅提出了第三方核查机构及人员的参考性条件供各地方主管部门参考。参考性条件包括核查机构的注册资金、核查员数量、内部管理制度、风险保障、核查业绩、利益冲突、不良记录，以及核查人员的国籍、学历、个人信用、知识技能、核查经验等内容。地方主管部门也负责组织开展对企业提交的排放报告、第三方核查机构出具的核查报告、监测计划审核报告的复核，各地方主管部门可根据实际情况采用抽查复查、专家评审等方式确保提交数据的质量。①

　　历史数据报告中，不同地区主管部门对企业的报告方式要求不同。广东、上海、安徽等地建立了地方性数据报告系统，采用电子化的报告方式，也有很多省份采用纸质报告方式。未来国家将建设全国统一、分级管理的碳排放数据报送信息系统。全国碳市场的数据报送已经进行了三次，第一次是2013～2015年数据的报送，第二次是2016、2017年数据的报送，第三次是2018年数据的报送。企业需要根据国家标准或国务院碳市场主管部门公布的企业温室气体排放核算与报告指南，结合经备案的排放监测计划，每年编制本企业的温室气体排放报告。实际操作中，由于部分地方政府的核查经费落实等问题，历史数据报送进度往往比计划有所延后（段茂盛等，2018）。

　　能力建设方面。首先，部分地区对碳排放数据的报告和管理经验不足，数据质量的不确定性仍然较大，需要通过持续的能力建设来提高数据的报送和管理能力。其次，尽管七个碳交易试点的覆盖企业及核查机构经过五年的实践已经积累了一定的经验，但很多其他省份的企业及当地核查机构的MRV能力仍然有限，也应加强其能力建设，而试点地区在此过程中可以发挥积极作用（Wang *et al.*, 2016a; Zeng *et al.*, 2018）。目前，各试点地区均成立了全国

---

①国家发展和改革委员会办公厅："关于做好2016、2017年度碳排放报告与核查及排放监测计划制定工作的通知"，2017年。

碳市场能力建设中心。最后，控排主体的能力建设不仅要提升企业相关人员的能力，还包括提升企业意识、完善企业管理，促使企业建立相应的数据收集和管理体系，尤其是设施层面的数据收集与管理（Dong *et al.*, 2016; Wang *et al.*, 2016b）。

透明的碳排放信息对于碳市场建设意义重大，缺乏透明的信息将导致市场的价格发现功能被削弱，市场参与方难以做出良好决策。目前，全国碳市场要求公开纳入气体与行业种类、纳入重点排放单位名单、排放配额分配方法、配额清缴情况、交易行情、成交量、成交金额等交易信息，但是企业排放和分配配额的关键数据对于分析体系的效果也非常关键，也应对外公布（Weng *et al.*, 2018）。

（四）挑战与建议

当前，全国碳市场的数据质量仍需持续提高，数据管理面临不少挑战。

（1）法律基础薄弱。目前 MRV 体系的主要法律依据是国务院部门规章，其法律效力有限，报告的数据质量很大程度取决于地方政府、企业和核查机构实施相关规定的执行力。对于不愿意履行报告义务的企业，地方政府难以执法。面对这一挑战，需要制定更高法律层级的文件以规范碳市场的 MRV 活动，该法律文件应覆盖 MRV 过程中的关键问题，例如 MRV 过程中不同部门、中央与地方主管部门的责任与分工，企业及核查机构的角色和责任，违规处罚措施。同时主管部门也应明确发布细化管理要求，如报告格式与要求、核查机构管理及资质规定等（孙天晴等, 2016; Tang *et al.*, 2018）。

（2）相关技术文件对数据来源的规定不尽完善。现有规定的重点在于如何核算排放，对于数据的来源选取仍有部分规定尚未明确：①实测参数的门槛条件不清晰。热值、碳含量等参数的实测一般需要满足一定的采样方法与频次、监测方法与频次，由经过认可的实验室进行标准测试方可使用。但目前仅发电行业明确了采样方法与频次标准，发电、石化、化工行业明确了监测频次标准。对于其他行业的采样方法与频次、监测频次，以及所有行业的化验实验室要求并没有明确的规定。②选取实测值和缺省值的判据不明确。例如热值，除了发电行业强制要求实测外，其他行业均可自由选择实测或者直接使用缺省值。这容易使企业根据自身利益选择实测或者使用缺省值，导致排放数据出现偏差。③企业内部同一数据存在多个来源时未明确规定选取原则。同一类型的数据可能有不同来源，例如不同的计量点（如入厂、入炉等）、不同状态的样本（如收到基、空干基）、不同的内部数据系统（如直接计量的消耗量或根据输入/输出及库存变化计算的消耗量）等。不同来源数据的数值可能不同，当数据源不匹配或使用不正确的数据源时，可能会导致数据偏差。④部分数据缺乏监测规定。针对全国市场下的新数据需求，主管部门后续发布了新的数据报送要求，但部分关键数据（如产量）在《核算与报告指南》中并没有对应的监测规定（刘强等，2016; Tang *et al.*, 2018; Zeng *et al.*, 2018）。针对上述问题，建议在《核算与报告指南》中明确补充数据来源的详细规定，避免因数据来源的使用错误或随意切换导致的数据偏差，应详细说明正确的数据来源，包括监测标准（如采样、实测和计算方法）、监测频次（如对时间和重量频率的最低要求）、数据计量设备（包括能源和物料）的误差及校准要求、同一数据存在多个来源时的选择原则、数据计量时的能源或物料的状态要求（在计算排放时，相关活动数据、生产和排放因子应在同一状态下使用，例如在同一水分状态下计量煤炭的消耗量和测量煤炭的热值数据）等（刘强等，2016; Zeng *et al.*, 2018）。

（3）针对第三方核查机构的管理体系未完全建立。目前，主管部门已经发布了第三方核查机构核查指南及参考资质要求，但不是强制性要求。在具体实践中，各地选择第三方核查机构的标准不尽相同，所选机构的核查能力参差不齐，对相关建议要求的执行程度有所差异，对确保历史排放数据的真实性带来较大的挑战（彭峰等，2015; Duan *et al.*, 2017; Zeng *et al.*, 2018）。因此，应加快建立统一的第三方核查管理体系，包括事前、事中和事后质量控制措施。事前质量控制主要侧重于制定严格的法规，应实施严格的、全国统一的第三方核查机构准入制度，规定核查机构在资格、能力、人员素质等方面的要求。事中质量控制主要指由主管部门（或认可机构）对核查机构进行现场抽检，鼓励对违规的第三方核查机构进行举报。事后质量控制则要求建立复核检查制度，对经第三方核查机构的工作实行专家审核、随机抽查、发现问题复查等。此外，建立企业和核查机构的数据质量评估及处罚体系也十分必要，应大力加强识别、解决数据问题并对违规报告数据的企业与核查机构进行处罚（孙天晴等，2016; Zeng *et al.*, 2018）。

（4）不同企业的数据统计基础有所差异。在相关数据的可获得性方面，不同行业之间存在差异，主要有两方面的原因。第一，不同行业企业的技术特征不同。例如出于采购和生产管理的需要，购买和使用燃料较多的行业更注重热值的监测；由于监测成本较高，在设施间有复杂的能源物料联系的行业（如钢铁和石化部门）则较少对设施级别的热值数据进行测定。第二，不同的企业存在规模差异。例如，大型企业的能源管理系统相对更完善，且可承担较高的监测成本，更倾向于监测企业级和设施级的热值数据。考虑到我国工业行业门类众多、企业规模差异较大，企业数据基础和监测水平差异较大，建议在《核算与报告指南》中引入分级管理的理念，按照监测效果和成本将数据实测要求分为不同级别。监测能力较低的行业企业可以选择较低级别的实测要求（即成本较低、不确定性较高的方式），后期引导其逐步向较高级别（即成本较高、不确定性较低的方式）发展；而对于排放量较大的企业，可直接要求其采用较高级别的实测方法。这样既可以兼顾目前不同行业、不同规模企业监测基础的差异性，又可以确保大企业的数据质量，增强了 MRV 系统要求的可操作性和碳市场数据的总体可靠性。在具体实践中，欧盟碳市场采用了对不同源流和设施，使用不同方法和准确度要求的分级管理体系（孙天晴等，2016; Zeng *et al.*, 2018）。

五、奖惩机制

对不遵守碳市场相关制度的企业进行处罚，对模范遵守者进行奖励，是碳市场运行的重要保障。尽管违规行为的声誉影响已被证明具有强大威慑作用并可通过公开披露碳市场的业绩进行强化，建立具有约束力的惩罚制度仍十分必要（世界银行，2017）。碳市场的惩罚制度一般通过通报批评和处罚等手段实现，当控排主体出现违约问题时，碳市场监管机构与相应政府部门应当迅速响应，通过具有公信力的执法与适当的处罚，确保控排主体全面遵守相关规定以保障市场完整性与流动性，保持市场参与者的信任和信心。

（一）国际和国内实践

国际和国内的各个碳市场都根据各地的立法情况、经济发展水平对不同的市场参与主体制定了相应的奖惩机制，国际碳市场主要以经济处罚为主，而国内试点则采取多种处罚措施相结合的奖惩方式。

EU ETS 对于没有完成配额提交义务的纳入企业，将处以比较高的经济处罚，第一阶梯按照 40 欧元/吨的罚金执行，第二阶梯开始将处罚额度提高至100 欧元/吨，远高于每吨碳配额的市场价格。

加州体系规定，对违反法规的行为可根据《健康与安全法》进行处罚。在确定罚款金额时，加州空气资源管理局委员会考虑所有相关信息，包括违规方式、实体运营的规模和复杂程度，以及"健康与安全法"提及的其他标准。

韩国体系规定，当任何控排主体提交的配额量低于核证排放量，主管部门最高可按年度平均碳价格的三倍（但不超过 100 000 韩元）的标准，对缺口部分收取罚款；如果控排主体逾期未支付上述罚款，则加收滞纳金。此外，任何人如违反市场秩序方面的规定，将会被判处最高三年的监禁或者最高 1亿韩元的罚款，如果因违法行为所得利润或者造成的损失超过 1 亿韩元，则处以三倍于因违法行为所得利润或者造成损失的处罚（张忠利，2016）。

国内试点根据实际情况，规定了多种可操作的惩罚措施。经济处罚方面，北京和深圳试点因法律基础较强，规定了基于市场碳价和未清缴配额量进行计算，且金额没有绝对上限的处罚方式。如北京规定对于到期仍未完成配额履约的企业，根据其超出配额碳排放量，按照市场均价的三至五倍予以处罚；对于未报送碳排放报告或者第三方核查报告的企业，可以对此类企业处以 5 万元以下的罚款。上海、广东和湖北虽针对未履行配额提交义务的企业规定了罚款，但其罚款金额上限较低，天津和重庆则未设立罚款规定。试点采取的其他惩罚措施主要包括：将违约信息纳入社会信用体系并向社会公布，取消享受财政资助及扶持性政策的资格，将相关信息纳入对国有企业负责人的考核，取消评优资格，停止违约企业新建项目审批等。

（二）全国碳市场的规定

2014 年发布的《碳排放权交易管理暂行办法》规定了多种针对纳入企业的处罚措施，例如对不履行报告、核查和清缴义务的控排主体给予行政处罚，并予以公告，向工商、税务、金融等部门通报有关情况。但受其法律层级有限的约束，《碳排放权交易管理暂行办法》中并没有规定具体的经济处罚措施。

生态环境部于 2019 年公布的《碳排放权交易管理暂行条例（征求意见稿）》中则提出了针对控排主体的多种处罚措施，主要包括责令限期改正、警告、没收违法所得、罚款等行政处罚，触犯刑事和民事法律的需承担民事和刑事责任。与《碳排放权交易管理暂行办法》相比，《碳排放权交易管理暂行条例（征求意见稿）》在法律责任方面对行政处罚的步骤和力度进行了详细规定，更具有可操作性。

全国碳市场的有效运行不但需要一个全国统一的有效奖惩机制，也需要明确具体的执行机制，做到科学立法和严格执法并重。

参考文献

Bellassen V., Stephan N., Afriat M., *et al.*, 2015. Monitoring, reporting and verifying emissions in the climate economy. *Nature Climate Change*, 5(4), 319-328.

Betz R., Sato M., 2006. Emissions Trading: Lessons Learnt from the 1st Phase of the EU ETS and Prospects for the 2nd Phase. *Climate Policy*, 6, 351-359.

Betz R., Rogge K., Schleich J., 2006. EU Emissions Trading: An Early Analysis of National Allocation Plans for 2008–2012. *Climate Policy*, 6, 361-394.

Buchner B. K., Carraro C., Ellerman A. D., 2006. The Allocation of European Union Allowances: Lessons, Unifying Themes and General Principles, Massachusetts Institute of Technology, Center for Energy and Environmental Policy Research.

Chernyavs' Ka L., Gullì F., 2008. Marginal CO_2 cost Pass-through under Imperfect Competition in Power Markets. *Ecological Economics*, 68 (1-2), 408-421.

Cong R., Wei Y., 2010. Potential Impact of (CET) Carbon Emissions Trading on China's Power Sector: A Perspective from Different Allowance Allocation Options. *Energy*, 35(9), 3921-3931.

Deng Z., Li D., Pang T., *et al.*, 2018. Effectiveness of Pilot Carbon Emissions Trading Systems in China. *Climate Policy*, 18(8), 992-1011.

Dong J., Ma Y., Sun H. X., 2016. From Pilot to the National Emissions Trading Scheme in China: International Practice and Domestic Experiences. *Sustainability*, 8, 522.

Ellerman A. D., Buchner B. K., 2007. The European Union Emissions Trading Scheme: Origins, Allocation, and Early Results. *Review of Environmental Economics and Policy*, (1), 66-87.

Ellerman A. D., Joskow P. L., 2009. *The European Union's Emissions Trading System in Perspective*. Canadian Medical Association Journal.

Groenenberg H., Blok K., 2002. Benchmark-based Emission Allocation in a Cap-and-trade System. *Climate Policy*, (2), 105-109.

Harrison D. Jr., Radov D. B., 2010. *Evaluation of Alternative Initial Allocation Mechanisms in a European Union Greenhouse Gas Emissions Allowance Trading Scheme*. Environmental Policy Collection.

ISO 2006. ISO 14064-1:2006 Greenhouse gases—Part 1: Specification with Guidance at the Organization Level for Quantification and reporting of Greenhouse gas Emissions and Removals.

Jotzo F., Karplus V., Grubb M., *et al.*, 2018. China's Emissions Trading takes Steps Towards big Ambitions. *Nature Climate Change*, (8), 265-267.

Ju Y., Fujikawa K., 2019. Modeling the cost Transmission Mechanism of the Emission Trading Scheme in China. *Applied Energy*, (236), 172-182.

Kong Y., Zhao T., Yuan R., *et al.* 2019. Allocation of Carbon Emission Quotas in Chinese Provinces based on Equality and efficiency Principles. *Journal of Cleaner Production*, (211), 222-232.

Liu H., Lin B., 2017. Cost-based Modelling of Optimal Emission Quota Allocation. *Journal of Cleaner Production*, 149, 472-484.

Mu Y., Evans S., Wang C., *et al.*, 2018. How will Sectoral Coverage Affect the Efficiency of an Emissions Trading System? A CGE-based Case Study of China. *Applied Energy* (227), 403-414.

Pang T., Zhou S., Deng Z., *et al.*, 2018. The Influence of Different Allowance Allocation Methods on China's Economic and Sectoral Development. *Climate Policy*, 18 (sup1), 27-44.

Qian H., Zhou Y., Wu L., 2018. Evaluating Various Choices of Sector Coverage in China's National Emissions Trading System (ETS). *Climate Policy*, 18(sup1), 7-26.

Schmidt T. S., Schneider M., Rogge K. S., *et al.*, 2012. The Effects of Climate Policy on the Rate and Direction of Innovation: A Survey of the EU ETS and the Electricity Sector. *Environmental innovation and societal transitions*, 2, 23-48.

Stoerk T., Dudek D. J.,Yang J., 2019. China's National Carbon Emissions Trading Scheme: Lessons from the Pilot Emission Trading Schemes, Academic Literature, and Known Policy Details. *Climate Policy*, 19(4), 472-486.

Sun Y., Xue J., Shi X., *et al.*, 2019. A Dynamic and Continuous Allowances Allocation Methodology for the Prevention of Carbon Leakage: Emission Control Coefficients. *Applied Energy*, (236), 220-230.

Tang R. H., Guo W., Oudenes M., *et al.*, 2018. Key Challenges for the Establishment of the Monitoring, Reporting and Verification (MRV) System in China's National Carbon Emissions Trading Market. *Climate Policy*, (18) 106-121.

Trotignon R., A. Delbosc., 2008. Allowance Trading Patterns During the EU ETS Trial Period: What Does the CITL Reveal? Working Paper.

Yu S., Wei Y. M., Wang K., 2014. Provincial Allocation of Carbon Emission Reduction Targets in China: an Approach based on Improved Fuzzy Cluster and Shapley Value Decomposition. *Energy Policy*, (66), 630-644.

Zeng X., Duan M., Yu Z., *et al.*, 2018. Data-related Challenges and Solutions in Building China's National Carbon Emissions Trading Scheme. *Climate Policy*, 18(sup1), 90-105.

Zeng Y., Weishaar S. E., Couwenberg O., 2016. Absolute vs. Intensity-based Caps for Carbon

Emissions Target Setting. *European Journal of Risk Regulation*, 7(04), 764-781.

Zhou, P., Wang, M., 2016. Carbon Dioxide Emissions Allocation: A Review. *Ecological Economics*, (125), 47-59.

曹静、周亚林："行业覆盖、市场规模与碳排放权交易市场总体设计"，《改革》，2017年第 11 期。

曾鸣、马向春、杨玲玲："电力市场碳排放权可调分配机制设计与分析"，《电网技术》，2010 年第 5 期。

戴凡、周勇："加州碳排放权交易市场的法律基础"，《科学与管理》，2014 年第 2 期。

邓春雨、张紫禾、张宁："碳排放报告与核查实务及疑难问题初探"，《资源节约与环保》，2018 年第 4 期。

杜心："关于电解铝行业碳配额初始分配有关问题的思考"，《有色冶金节能》，2016年第 4 期。

段茂盛、庞韬："全国统一碳排放权交易体系中的配额分配方式研究"，《武汉大学学报（哲学社会科学版）》，2014 年第 5 期。

国际复兴开发银行、世界银行：《碳排放交易实践：设计与实施手册》，2016 年。

何崇恺、顾阿伦："碳成本传递原理影响因素及对中国碳市场的启示——以电力部门为例"，《气候变化研究进展》，2015 年第 2 期。

胡东滨、彭丽娜、陈晓红："配额分配方式对不同区域碳交易市场运行效率影响研究"，《科技管理研究》，2018 年第 19 期。

黄宗煌、蔡世峰："碳市场配额分配方式对厂商决策行为的影响研究"，《环境经济研究》，2017 年第 1 期。

蒋志雄、王宇露："我国强制碳排放权交易市场的价格形成机制优化"，《价格理论与实践》，2015 年第 4 期。

刘汉武、黄锦鹏、张杲等："中国试点碳市场与国家碳市场衔接的挑战与对策"，《环境经济研究》，2019 年第 1 期。

刘强、陈亮、段茂盛等："中国制定企业温室气体核算指南的对策建议"，《气候变化研究进展》，2016 年第 12 期。

骆跃军、骆志刚、赵黛青："电力行业的碳排放权交易机制研究"，《环境科学与技术》，2014 年第 S1 期。

吕忠梅、王国飞："中国碳排放市场建设：司法问题及对策"，《甘肃社会科学》，2016年第 5 期。

庞韬、周丽、段茂盛："中国碳排放权交易试点体系的连接可行性分析"，《中国·人口资源与环境》，2014 年第 9 期。

彭峰、闫立东："地方碳交易试点之'可测量、可报告、可核实制度'比较研究"，《中国地质大学学报（社会科学版）》，2015 年第 15 期。

孙天晴、刘克、杨泽慧等："国外碳排放 MRV 体系分析及对我国的借鉴研究"，《中国人口·资源与环境》，2016 年第 26 期。

孙永平、刘瑶："第三方核查机构独立性的影响因素及保障措施"，《环境经济研究》，2017 年第 3 期。

滕飞、冯相昭："日本碳市场测量、报告与核查系统建设的经验及启示"，《环境保护》，2012 年第 10 期。

田涛、申作华、王北星："欧盟碳市场石化行业配额分配基准线方法研究"，《石油石化绿色低碳》，2017 年第 2 期。

佟庆、周胜、白璐雯："国外碳排放权交易体系覆盖范围对我国的启示"，《中国经贸导刊》，2015 年第 16 期。

汪明月、李梦明、钟超："2013 年以来我国碳交易试点的碳排放权交易核查的发展进程及对策建议"，《科技促进发展》，2017 年第 13 期。

王北星、田涛、崔洋："炼油行业碳配额分配方法研究"，《石油石化绿色低碳》，2017 年第 3 期。

王飞："国内碳排放权交易现状及实施效果分析"，《经贸实践》，2017 年第 5 期。

王敬敏、薛雨田："基于数据包络模型的电力行业碳排放权配额初始分配效率研究"，《中国电力》，2013 年第 10 期。

谢伟："完善中国碳排放交易立法——兼评欧盟碳排放交易立法"，《经济研究导刊》，2013 年第 7 期。

徐铭浩："深圳碳排放交易市场有效性研究"，《中外能源》，2017 年第 7 期。

杨军、赵永斌、丛建辉："全国统一碳市场碳配额的总量设定与分配——基于碳交易三大特性的再审视"，《天津社会科学》，2017 年第 5 期。

杨劬、钱崇斌、张荣光："试点碳交易市场的运行效率比较分析"，《国土资源科技管理》，2017 年第 6 期。

尹靖宇、方群、李晋梅等："主要水泥企业集团参与试点碳交易情况的分析及思考"，《中国水泥》，2018 年第 5 期。

于倩雯、吴凤平："公平与效率耦合视角下省际碳排放权分配的双层规划模型"，《软科学》，2018 年第 4 期。

袁溥、李宽强："碳排放交易制度下我国初始排放权分配方式研究"，《国际经贸探索》，2011 年第 3 期。

张希良："国家碳市场总体设计中几个关键指标之间的数量关系"，《环境经济研究》，2017 年第 3 期。

张忠利："韩国碳排放交易法律及其对我国的启示"，《东北亚论坛》，2016 年第 5 期。

郑爽、张昕、刘海燕等："对构建我国碳市场 MRV 管理机制的几点思考"，《中国经贸导刊》，2016 年第 14 期。

周晓唯，张金灿："关于中国碳交易市场发展路径的思考"，《经济与管理》，2011 年第 3 期。

朱德臣："电力碳排放配额初始分配方法的利弊分析与建议"，《中国电力企业管理》，2017 年第 1 期。

王彬辉："我国碳排放权交易的发展及其立法跟进"，《时代法学》，2015 年第 13 期。

邵鑫潇、张潇、蒋惠琴："中国碳排放交易体系行业覆盖范围研究"，《资源开发与市场》，2017 年第 33 期。

刘学之，孙岳，高玮璘："碳排放权初始分配政策下碳核查数据真实性博弈分析"，《当代经济管理》，2017 年第 1 期。

张潇、邵鑫潇、蒋惠琴："行业碳排放权的初始配额分配——文献综述"，《资源开发与市场》，2018 年第 34 期。

第六章 碳排放权交易市场的效果评估方法及与其他相关政策的协调

第一节 ETS效果评估的流程和方法

效果评估是国内外ETS体系运行中的重要工作，也是体系设计调整的主要依据。在ETS运行初期，政府与企业之间的信息不对称等原因可能导致ETS的设计不够完善；另外，社会、经济、技术、政策环境的变化也具有较大的不确定性，现有的ETS设计也许并不能很好地适应这些变动，导致体系的政策效果和运行效率受到负面影响。因此需在ETS运行进程中，对其运行效果进行及时、全面、科学的评估，并在此基础上对体系设计进行适当调整和完善。为保障效果评估的顺利开展，主管部门通常需针对评估需求出台详细的评估指南，明确参与评估相关各方的责任义务，界定所要评估的内容指标，选择合适的评估方法。

一、ETS效果评估的机制安排

（一）国内试点中ETS效果评估的机制安排

我国试点ETS仍处于初级阶段，在实施过程中难免暴露出一些问题。因此，对试点ETS的效果进行及时评估并适当规则调整十分必要。然而，尽管在实践中各试点 ETS 的设计均有所调整，但是各试点均未在公开资料中详细阐述其进行效果评估的机制安排。评估安排一般包括效果评估工作的流程、时间安排、组织、相关参与方及其职责分工等。鉴于各试点 ETS 在管理框架上具有较大的相似性，分析部分试点针对配额分配方法评估的相关机制安排，可以为了解试点 ETS 体系效果评估的机制安排提供参考。

1. 湖北试点

湖北试点每年均会发布对应的年度配额分配方案，指导并规范配额分配工作；同时，湖北试点还会编写关于该方案的说明文件，包括对相关技术参数设定的原因及可能的影响分析，供主管部门内部参考。同时，在制定最新配额分配方案的过程中，会评估之前的配额分配方案，并针对出现的问题做出有针对性的调整和改进。配额分配方案制定（评估）与调整的流程如图 6-1 所示。

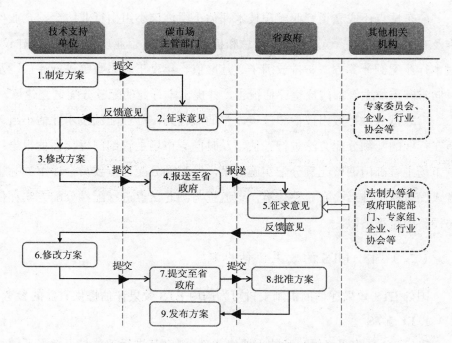

图 6-1　湖北试点配额分配方案制定与调整流程

湖北试点对于配额分配方案的制定与流程调整没有规定具体的时间。实践中，由于核查、履约工作经常整体延后，配额发放的时间也常比规定的时间相应延迟（孙永平，2017）。由于湖北试点没有地方性法律作为支撑，碳市场主管部门没有执法权，相关工作主要是通过行政手段进行管理。湖北试点配额分配方案的制定和调整流程较为稳定，主要通过专业研究、意见征集和行政审定等步骤完成。

2. 广东试点

根据《广东省碳排放管理试行办法》，碳市场主管部门负责制定广东省的配额分配实施方案，经配额分配评审委员会评审，并报省人民政府批准后公布。配额分配评审委员会由碳市场主管部门和省相关行业主管部门的代表，技术、经济及低碳、能源等方面的专家，行业协会和企业代表组成，其中专家数不得少于成员总数的三分之二。

广东试点还成立了行业配额技术评估小组，该小组由行业协会、企业代表及有关专家组成，负责收集、汇总和梳理本行业内企业反馈的意见或建议，对本行业配额计算方法、排放因子、基准值、年度下降系数等进行评估，及时向省碳市场主管部门提交评估报告，并提出本行业的配额分配调整建议。

广东试点进行效果评估和政策调整的流程为，行业配额技术评估小组对所在行业的配额分配方法进行评估，及时向碳市场主管部门提交评估报告；碳市场主管部门调整配额分配实施方案，经配额分配评审委员会评审，并报省人民政府批准后公布。整体上，该流程与湖北试点进行配额分配方案评估与调整的流程类似。

（二）国外 ETS 的效果评估机制

国外 ETS 效果评估的机制安排可为国内 ETS 效果评估提供有益的参考。

1. EU ETS

EU ETS 是欧盟气候政策的重要组成部分，对其进行评估与更新需要遵循欧盟评估与更新政策的一般要求。EU ETS 的评估工作需要按照欧盟委员会印发的《完善法规指南》（Better Regulation Guidelines）（EC, 2017）的要求进行。评估包括五个强制性指标，即相关性、有效性、效率、EU 介入的额外效益和一致性，该指南中也详细规定了评估的工作流程，包括政策确认、起草评估路线图、建立工作组、进行公众意见征询、集中公布评估结果等九个具体步骤，如图 6–2 所示。

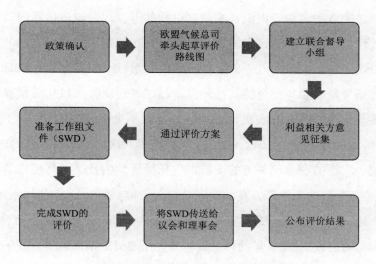

图 6–2 EU ETS 政策评估和调整流程

利益相关方意见征询是欧盟制定或修订政策过程的必要环节。成员国、研究机构、行业协会、企业和个人都可以通过电子平台向欧盟委员会提出意见。通过这一过程，可以识别和确定利益相关方，并收集相关信息。

可以看出，对 EU ETS 的评估有着强有力的法律基础，这使得评估工作有章可循，稳步推进。相关评估报告在 EU ETS 的历次设计调整中，均是非常重要的决策参考（DG Clima, 2016）。

2. 区域温室气体减排行动

区域温室气体减排行动（RGGI）由美国东北部和大西洋中部的九个州合

作建立，旨在管理和减少这些地区电力部门的二氧化碳排放。依据原 RGGI 谅解备忘录（Memorandum of Understanding, MOU）的规定，参与州需要定期进行体系评审（Program Review）。

RGGI 体系评审要求对体系进行严格且全面的评估。MOU 中详细规定了体系评审的工作安排，包括时间表、实施范围、流程、责任方和利益相关方的参与机制等。在该体系启动后不久，RGGI 即邀请来自各州政府、学术机构、智库、产业和消费者组织、非政府机构的专家，讨论该体系的设计、运行和有效性等问题。体系评审的评估结果是进行政策调整的重要参考，基于该评审拟议的修正案被列入"更新后的示范规则（Updated Model Rule）"中，该规则将指导每个参与州遵循其法定监管程序，更新其二氧化碳预算交易计划（各参与州的 ETS）的法规。

目前，RGGI 分别于 2012 和 2017 年发布了两次体系评审。RGGI 的体系评审得到了广泛的利益相关方的支持，包括受管制的社区、环境相关非营利组织、消费者、行业倡导者以及其他利益相关者等。在 2012 年的体系评审中，各参与州自 2010 年着手行动，其间召开了超过十二次利益相关方会议、网络研讨会和学习会议；2017 年的体系评审开始于 2015 年，其间召开了九次利益相关方会议、网络研讨会和学习会议。每次会议的日程安排、会议材料、利益相关方意见等，均公布在网站上供关注者讨论。

3. 美国加利福尼亚州总量交易体系

2006 年，美国加利福尼亚州颁布了《2006 加利福尼亚州应对全球变暖法案》（AB32），首次将加州温室气体减排目标以州法律形式确定下来，并规定由加州空气资源管理委员会（Air Resources Board, ARB）负责制定加州温室气体减排的早期行动计划和界定规划（Scoping Plan），以指导加州的减排行动。ARB 编制的界定规划于 2008 年正式通过，是加州实现温室气体减排的具体行动框架。该规划中包含很多项目，如清洁汽车项目、可再生能源配额标准等，总量交易体系是这项规划的重要组成部分。自 2013 年启动以来，加州总量交易体系已经运行完两个阶段，该体系的许多规则也进行了相应的更新。

目前尚未发现关于加州体系效果评估的公开资料，但加州关于界定规划的两次评估和更新工作可以作为参照。依据 AB32 的要求，ARB 对界定规划需至少每五年更新一次，第一次更新于 2014 年通过，第二次更新于 2017 年通过。在界定规划评估与更新的过程中成立了多个分工协作、各司其职的工作组，主要包括关键领域的专门评估工作组、环境公平建议委员会（Environmental Justice Advisory Committee）、经济专家小组、科学家小组、个人与利益相关团体等。

二、ETS 效果评估的指标与方法

评估 ETS 效果的研究主要集中在五个方面：碳减排效果、对低碳技术创新的影响、对经济产出和竞争力的影响、对企业经营管理的影响以及碳市场的市场运行表现。总体来说，国内试点 ETS 效果评估的实证研究较少，但是在研究方法上，国外 ETS 效果评估的研究可提供有益的借鉴。

（一）碳减排效果

ETS 的碳减排效果评估一直是 ETS 效果评估研究的核心问题。理论上，只要 ETS 的配额总量设置足够严格，并且所纳入排放源的碳排放总量没有超过配额总量，即被认为是实现了设定的碳减排目标。然而，这并不意味着观察到的碳减排可自动归因为 ETS 的贡献，因为观察到的减排效果可能是很多减排政策措施共同作用的结果。只有在 ETS 使得体系的碳排放低于没有这项政策存在时的排放情况时，才可以认为 ETS 在减排方面是有效的（Martin *et al.*, 2016）。

在国内 ETS 试点的运行和分析报告中，针对是否促进了碳减排这一问题，采用的方法主要是分析不同年份间纳入行业的碳排放总量或碳强度变化情况。如《北京碳市场年度报告 2018》指出，过去五年北京市的万元 GDP 能耗和二氧化碳排放分别累计下降了 22.5%和 28.2%，能源利用效率居全国之首，利用市场手段推动节能减排已初见成效（北京环境交易所，2018）。《2018上海碳市场报告》指出，2017 年度上海的纳管企业实际碳排放总量相比启动初期减少了约 6%，认为上海试点纳管企业的碳排放总量得到了有效控制（上海环境能源交易所，2019）。这种对比不同年份间相关变量变化的方法，在其他试点 ETS 的运行报告和分析报告中同样被广泛采用，包括历年的《广东碳排放权交易试点分析报告》《北京碳市场年度报告》《上海碳市场报告》，《深圳市碳交易体系一周年运行效果总结报告》等。

在评估国内试点 ETS 碳减排效果的学术研究中，采用的评估方法多以定量化的计量分析为主，当前最常用的是基于面板数据的双重差分法（Difference-In-Differences，DID）和基于倾向得分匹配的双重差分法（Difference-In-Differences based on Propensity Score Matching, PSM-DID）。DID 方法的思路是以试点 ETS 纳入的个体（相关省份、相关省份的工业、企业等）为处理组，以未纳入个体为对照组，通过比较两组因变量在试点 ETS 实施前后的变化情况，得到试点 ETS 对于纳入个体的净影响。PSM-DID 方法则在 DID 方法的基础上更进一步，将处理组与对照组的个体依照其相似程度（倾向得分）进行匹配，消除两组个体在特征上的系统性差异，然后再进行差分运算。这两种方法的理论基础均比较成熟，实际运用的差别主要体现在选用的数据上。由于试点 ETS 纳入企业的碳排放数据难以获取，有研究以企业的排污费来度量企业的碳排放（沈洪涛等，2017），一些研究则使用中国省级面板数据（Zhang *et al.*，2017；黄向岚等，2018）、省级工业面板数据（范丹等，2017）或分省工业子行业的面板数据（Zhang *et al.*，2019；Hu *et al.*，2020）进行分析。例如，范丹等（2017）应用中国 30 个省份 2010～2014 年间的工业面板数据，采用基于核匹配算法的 PSM-DID 方法，验证了中国的试点 ETS

在一定程度上促进了现阶段碳排放总量降低。

在评估方法方面，评估国外 ETS 碳减排效果的研究同样可以作为参考。该类研究目前主要聚焦于 EU ETS。在最初阶段，EU ETS 同样面临着数据基础薄弱的问题，因此这一阶段的研究以基于总量数据进行趋势外推为主。具体来讲，该类方法试图通过对纳入体系排放源的碳排放总量趋势进行分析，预测在照常情境下的碳排放，并将其与 ETS 启动后实际的核证碳排放数据对比，从而判断 EU ETS 是否促进了碳减排（McGuinness *et al*., 2008; Ellerman *et al*., 2008; Ellerman *et al*., 2010; Anderson *et al*., 2011）。在趋势预测过程中，考虑的其他影响因素包括 GDP 增长率、能源强度变化趋势、能源生产、能源价格、天气状况等。例如，埃勒曼等（Ellerman *et al*., 2008）应用国家分配计划（National Allocation Plans, NAP）中的企业历史排放信息，以 2002 年的碳排放数据为基准，结合 GDP 增长率、能源强度、能源价格和碳强度趋势等因素，粗略地估算了 2003～2006 年照常情境下的二氧化碳排放量，并与经过核证的体系碳排放进行比较,结论为 EU ETS 促进覆盖设施在 2005 年减排了 1.3 亿～2.0 亿吨二氧化碳，在 2006 年减排了 1.4 亿～2.2 亿吨二氧化碳。

随着 EU ETS 的运行，更多的研究开始基于微观企业层级数据开展。在这方面，DID 方法和 PSM-DID 方法同样得到较为广泛的应用（Jaraitė *et al*., 2014; Petrick *et al*., 2014; Wagner *et al*., 2014; Klemetsen *et al*., 2016）。如彼得里克等（Petrick *et al*., 2014）使用德国生产部门的面板数据，采用 PSM-DID 方法分析了 EU ETS 对于纳入企业的影响。该研究认为，EU ETS 导致纳入企业相对于非纳入企业减少了五分之一的碳排放，同时发现该碳减排是企业减少了油和气的使用导致的，而不是因为减少了电力的使用。另一类研究同样是基于企业层级的数据开展，但采用动态面板数据模型分析方法，研究 EU ETS 在不同阶段之间的碳减排效果差别，分离经济危机背景下的 EU ETS 减排贡献（Abrell *et al*., 2011; Widerberg *et al*., 2011; Bel *et al*., 2015）。如贝尔等（Bel *et al*., 2015）使用 EU ETS 纳入设施的历史碳排放数据建立了动态面板数据模型，评估 EU ETS 在第一阶段和第二阶段对于碳减排的影响，认为 EU ETS 第二阶段大部分的碳减排应归因于经济危机的影响。

针对 EU ETS 对电力部门减排效果的研究主要采用仿真模型进行模拟分析，这主要是该行业缺乏有效数据以及欧盟电力市场的复杂性所致（Trotignon et al., 2008; Delarue et al., 2008; Ellerman et al., 2010; Pettersson et al., 2012）。除此之外，还有很多学者通过对市场参与者进行调研的方法，定性分析 EU ETS 对于企业的减排驱动情况，为定量分析提供补充参考（Engels, 2009; Sandoff et al., 2009; Veith et al., 2009）。

（二）对低碳技术创新的影响

同碳减排效果一样，ETS 对于企业低碳技术创新的影响同样是 ETS 效果评估的核心内容。实际上，企业进行低碳技术创新是其实现碳减排的重要举措。企业的低碳技术创新通常被划分为两大类：自主研发和技术引进，前者是企业自主对其产品、生产技术进行实验、开发和测试，进行自主技术创新；后者主要指企业从其他单位引进新技术、新设备或翻新已有设备。通常来讲，前者可被视为企业实现碳减排的长期策略，而后者则是相应的短期策略。

在关于国内试点 ETS 的评估或运行报告中，通常会强调 ETS 的实施促进了试点地区碳强度的降低。如《北京碳市场年度报告 2016》指出，在 2013~2015 年，北京市重点排放单位的万元 GDP 碳排放分别同比下降了约 6.69%、7.17% 和 9.3%（北京环境能源交易所，2016）。这样的强度变化可能是由于试点 ETS 纳入企业开展了低碳技术创新，也可能是因为加强了能源使用管理等，然而这些报告并没有说明试点 ETS 的实施对低碳技术创新产生了什么样的影响。

学术研究中倾向于依靠计量分析方法定量评估国内试点 ETS 对于低碳技术创新的影响。一些学者依靠问卷调研的手段来获取一手数据，在问卷中可以自主定义相关的自变量和因变量。如刘等（Liu et al., 2017）对中国六个高耗能行业的企业技术创新情况进行了问卷调研，经过计量分析，认为基于市场的政策工具促进了企业开展技术研发和对先进技术的采纳。

除了问卷调研外，一些学者应用中国上市企业的数据开展分析（刘晔等，2017; Zhang *et al*., 2018b），采用的研究方法除了常见的多元回归模型，还包括三重差分法（Difference in Difference in Differences, DDD）。该方法的基本思路，是假设在没有政策影响时，处于政策实施区域内的处理组和对照组的个体之间在时间趋势上的差异，可以通过在非政策实施区域"处理组"和"控制组"之间在时间趋势上的差异来反映。因而只要政策实施区域与非政策实施区域的个体在时间趋势上的差异是相似的，DDD 估计量就是政策效果的可信预测。刘晔等（2017）结合中国 A 股上市公司数据，应用三重差分法，从微观层面实证检验了试点 ETS 对企业研发创新的影响。该研究的三重差分设计区分了每一个企业是否属于试点省份、是否从属于高耗能行业以及试点 ETS 政策是否处于实施阶段。该研究认为，试点 ETS 提高了处理组企业的研发投资强度，然而该政策只对大规模企业具有显著的正向效应；另外试点 ETS 可以通过增加企业现金流和提高资产净收益率的方式来直接和间接影响企业的创新行为。整体来看，目前国内评估试点 ETS 对企业低碳技术创新影响的研究倾向于进行定量分析，但受限于相关数据基础较差，目前研究仍比较零散。事实上，分析企业低碳技术创新的变化大都涉及对企业低碳投资决策行为的了解，而通过企业调研、开展访谈、案例分析等可以获取更为深入翔实的信息，应考虑在实践中推广。

在关于国外体系的研究中，评估 ETS 对企业低碳技术创新的影响更侧重于探究 ETS 对于企业决策行为的影响，问卷调研、访谈、案例分析等定性分析方法是重要的研究手段（Pontoglio, 2008; Anderson *et al*., 2011; Rogge *et al*., 2011a）。基于问卷调研，可以多角度、多环节审视 ETS 对于企业低碳技术创新的影响；问卷调研的对象也较为广泛，既可以包括 ETS 纳入企业，也可以包括 ETS 未纳入企业，还可以包括一些企业的供应商和顾客。另外，选取有代表性的企业进行深入访谈，可以获取更为深入、翔实的信息，从而可以更好探究 ETS 对于企业技术创新的激励作用。如罗格等（Rogge *et al.*, 2010; 2011a）和霍夫曼等（Hoffmann *et al.*, 2007）开展了一系列针对德国电力生产企业的访谈。通过对访谈内容的分析，该研究认为 EU ETS 促进了纳入企业的创新活动，特别是生产技术的创新；EU ETS 对于加速化石燃料技术的效率改进、促进碳捕集和封存研究的开展同样非常重要；EU ETS 对可再生能源的开发促进比较有限，上网电价补贴政策相较于 EU ETS 提供了更强的激励。

除了定性分析之外，还有许多研究采用计量分析方法定量评估该类影响（Schmidt *et al.*, 2012; *Martin et al.*, 2013; Borghesi *et al.*, 2015; Calel *et al.*, 2016），所采用的计量方法视可获取数据的类型而定。一些研究依靠官方的大范围调研数据，如博尔盖西等（Borghesi *et al.*, 2015）应用 2006～2008 年意大利社区创新调研（Italian Community Innovation Survey, CIS）数据，研究了 EU ETS 对于减排和能效提高创新的影响，发现 ETS 覆盖的行业比非覆盖行业更可能创新，但是行业的政策严格程度却与其创新负相关，作者认为这可能是一些公司提前采取了创新措施以及行业特点不同所致。更多的此类研究则是基于学者们自主调研的数据开展。在调研过程中，学者们可以根据个人对于问题的理解定义相应的因变量和自变量，控制变量包括公司内部特征、公司与其他单位的合作关系、其他政策要素、市场因素等。例如施密特等（Schmidt *et al.*, 2012）基于对七个欧盟国家电力企业的问卷调研，建立多元回归模型分析了 EU ETS 对于创新的影响，认为 EU ETS 对于企业创新有非常有限的甚至有争议的影响，而长期减排目标是企业创新活动的重要决定因素。除了通过调研获取数据之外，也有学者们从权威机构获取客观数据展开分析。如卡莱尔等（Calel *et al.*, 2016）从欧洲专利局获取了纳入企业与非纳入企业的低碳技术专利申请数据，基于企业的特征对其进行匹配后采用 DID 方法分析了 EU ETS 对低碳创新的影响。

（三）对经济产出和竞争力的影响

国内外研究大都将 ETS 对于经济产出和竞争力的影响定义为 ETS 对广义的经济表现的影响，该影响一直是政策制定者和企业界关注的重要问题，并对 ETS 的政治接受度有重大影响。实施 ETS 产生额外的履约成本、行政成本可能会增加企业的生产成本，而生产成本的增加有可能导致纳入企业提高产品价格，从而影响其市场竞争力，甚至导致其搬迁至非 ETS 覆盖区域，引起碳泄漏问题。

尽管主管部门非常关注 ETS 对经济产出和竞争力的影响，但在国内试点的运行和分析报告中，对于该方面效果的关注较少。《深圳试点一年运行总结报告》指出，深圳市 621 家制造业管控单位工业增加值约为 3 518 亿元，比 2010 年增长 1 051 亿元，增长幅度为 42.5%，在成功履行碳减排义务的同时，经济均出现大幅增长（深圳市城市发展研究中心等，2015）。其他试点的报告则鲜有涉及该方面内容，但是各个试点均强调了现阶段配额过剩的情况，碳市场的交易不活跃，很可能是市场碳价远低于企业的减排成本所致（肖玉仙等，2017），当前 ETS 对企业竞争力的影响很小。

在学术研究中，评估国内试点 ETS 对经济产出和竞争力影响的研究较少，这可能是由于试点 ETS 启动时间较短以及相关基础数据难以获得。一些研究分析了试点 ETS 对于地区经济总量的影响，采用的主要是 DID 方法或 PSM-DID 方法，并且评估该影响的研究通常与关于试点 ETS 碳减排效果的研究进行结合分析。如范丹等（2017）的研究同时发现了试点 ETS 对试点省份工业总产值的影响非常微弱，也没有提高试点省份的工业全要素生产率。也有研究基于中国上市企业数据开展分析，如张等（Zhang *et al*.，2018a）基于 2014～2017 年中国的上市热力企业的数据，发现碳价对公司的股票价值有显著的负面影响。另外一些企业调研也涉及了 ETS 对于企业竞争力影响，以描述性分析为主。如杨等（Yang *et al*.，2016）针对中国七个试点纳入企业的在线调研表明，企业不认为碳市场会对其经济表现产生影响；而邓等（Deng *et al.*, 2018）通过对试点纳入企业的调研则发现超过半数的企业认为 ETS 增加了其生产成本。

国外 ETS 对经济产出和竞争力影响的评估研究大多采用的是定量评估方法，这可能是由于在国外体系中，企业的经济指标数据相对更容易获取，其研究方法与针对 ETS 碳减排效果的研究类似。一些研究基于 DID 方法和 PSM-DID 方法，分析了 ETS 对企业收益、就业、增加值、边际利润、出口等企业经济指标的影响（Abrell *et al.*, 2011; Chan *et al.*, 2013; Petrick *et al.*, 2014; Wagner *et al.*, 2014）。例如常等（Chan *et al.*, 2013）基于 2001~2009 年十个欧洲国家涵盖电力、水泥和钢铁行业的 5 873 个企业的数据样本，采用 DID 方法分析了 EU ETS 对企业竞争力的影响，选取的具体指标为单位材料成本、就业和收益，研究结果表明，EU ETS 只对电力行业有影响，单位营业额的材料成本在第一阶段增加 5%，第二阶段增加 8%，同时营业额在第二阶段增加了 30%。

一些研究则采用多元回归模型，分析不同企业的经济指标与 EU ETS 配额分配严格程度、碳价波动之间的关系，以评估 EU ETS 对于企业竞争力的影响（Reinaud, 2008; Anger *et al.*, 2008; Veith *et al.*, 2009; Commins *et al.*, 2011; Costantini *et al.*, 2012; Bushnell *et al.*, 2013; Klemetsen *et al.*, 2016）。例如，安杰等（Anger *et al.*, 2008）对 EU ETS 下各国的配额分配情况进行了概述，并基于大规模德国企业样本数据分析了 EU ETS 对企业业绩和就业的影响，研究发现 EU ETS 的配额分配并没有显著影响纳入德国企业的业绩和就业。布什内尔等（Bushnell *et al.*, 2013）从 UROSTOXX 指数获取了 552 只大型电力企业股票的每日收益，分析了 EU ETS 下配额价格与企业利润的关系，发现 2006 年 4 月 EUA 价格大幅下降对碳密集和电密集企业的股票价格产生了负影响，特别是那些业务范围主要在欧盟范围内的公司。

可以看出，研究 ETS 对经济产出和竞争力的影响可以从多方面入手。首先，可选取的评估指标包括企业收入、就业率、增加值、边际利润、出口份额、生产率等等；其次，基于选取指标的不同，数据的获取来源也不同，包括企业的财务平衡表、私有数据库、进出口数据、股票市场数据等，这些数据相较于碳排放数据可能更容易收集；最后，采用的方法主要为 DID 方法、PSM-DID 方法、多种形式的多元回归模型等，这与 ETS 碳减排效果归因分析的研究方法相似。

（四）对企业经营管理的影响

ETS 的影响还包括为对企业经营管理的影响。研究中多将这种影响定义为组织创新（organizational change），作为度量 ETS 促进企业创新的一个方面。依据 Oslo Manual（OECD, 2005）的定义，组织创新是"在企业的业务实践（business practices）、组织实践（workplace organization）或外部关系（external relations）中实施一种新的组织方法"。具体主要包括企业在对 ETS 的重视程度、组织框架以及节能减排能力所做出的改变。企业对于 ETS 的重视程度（Hoffmann, 2007; Rogge et al., 2010）主要包括最高在公司哪个层级的会议上讨论 ETS 相关问题（Hoffmann, 2007; Rogge et al., 2010），公司在原料的购买或产品的销售等对外业务中是否讨论 ETS 相关问题（Rogge et al., 2011a; 2011b），是否制定了温室气体和节能减排目标（Hoffmann, 2007; Rogge et al., 2011a; Rogge et al., 2011b; Deng et al., 2018），企业在投资决策中对于碳成本的态度（Hoffmann, 2007; Rogge et al., 2010; Rogge et al., 2011a）；企业的组织框架的改变，主要包括企业是否成立或指定了新的部门或管理实体负责 ETS 相关问题（Rogge et al., 2010; Rogge et al., 2011a; Deng et al., 2018），是否就 ETS 相关问题加强了与外部单位的合作等（Martin et al., 2013; Rogge et al., 2011b）；节能减排能力的改变，包括公司是否加强了能源使用管理（Anderson et al., 2011），是否提高了内部能源和碳排放统计体系（Rogge et al., 2011b; 中山大学低碳科技与经济研究中心等, 2015），是否进行了能源审计（Anderson et al., 2011），是否进行了员工节能减排培训（Martin *et al.*, 2013; Rogge *et al.*, 2011b）等。

历年度各试点的运行报告和分析报告中，均包含了 ETS 影响企业的碳资产管理能力、企业的组织变革、企业的节能减排能力建设的内容。这些分析绝大多数为企业调研的结果。在《广东省碳排放权交易试点分析报告（2013-2014）》中，主管部门对 66 家广东省控排企业进行了问卷调研，内容涉及碳交易管理体系的建立、碳交易策略、预决算机制等等多方面内容（中山大学低碳科技与经济研究中心等，2015）。其他试点的运行分析报告中也大多涵盖这些内容。可见在运行初期，促进企业经营管理的变革是国内试点 ETS 政策的一项重要的政策导向。

学术研究中同样比较关注 ETS 对于企业经营管理的影响，研究方法同样以企业调研为主，分析切入点包括试点的运行有效性、企业对于 ETS 的认知等（Yang *et al.*, 2016; Deng *et al.*, 2018）。如邓等（Deng *et al.*, 2018）基于问卷调研，对七个试点的运行有效性进行了评估，研究发现，试点 ETS 目前仍然缺乏约束力度，企业对于该政策缺乏认识，但是大部分企业认为试点 ETS 增加了企业的生产成本，并在长期投资决策中考虑了碳价，大部分企业均参与了碳配额的市场交易，但存在比较明显的"惜售"情况。另外，有学者通过分析中国上市公司在年报、社会责任报告和公司网站等渠道中披露的碳管理措施，认为在试点 ETS 政策背景下，相关企业在生产经营过程中提高了对节能减排的重视程度（吴凌云等，2018）。

在关于国外 ETS 的研究中，除了问卷调研的方法，选取代表性企业进行深入访谈、开展案例分析也是重要的研究手段（Pontoglio, 2008; Anderson *et al.*, 2011; Rogge *et al.*, 2011a）。如罗格等（Rogge *et al.*, 2011a）通过详尽的访谈，分析了 EU ETS 对于电力企业技术创新和经营管理的影响。该研究首先将企业创新分为研发、采纳已有技术、组织创新三类，特别关注了背景因素（政策组合、市场因素、政策接受度）和企业特征（价值链位置、技术组合、规模和愿景）的影响。研究发现 EU ETS 是推动发电企业设立 JI/CDM 业务部门的主要因素，也推动了企业将气候变化问题列入最高管理层的议程，而这可能最终有助于改变企业对碳减排问题的认知。但是企业对于可再生能源认识的改变主要是由长期气候目标驱使，上网电价政策也可以对企业的组织框架的改变产生影响。

（五）市场运行表现

对 ETS 市场运行表现的评估主要基于有效市场理论开展。有效市场理论起源于对证券市场价格随机游走行为的研究。1970 年，尤金·法玛（Fama, 1970）在总结前人理论的基础上，将有效市场（EMH）定义为任何时刻的市场价格均能"充分反映"所有可得信息的市场，并将其归纳为三类：弱式有效（Weak-form）、半强式有效（Semi-strong-form）以及强式有效（Strong-form）。市场信息是影响市场有效性的主要原因，大致有以下三种：历史价格信息、公开可得信息和内部信息（图 6–3）。

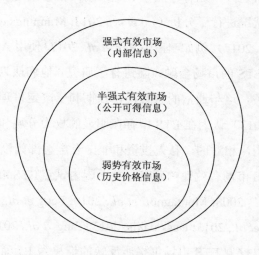

图 6–3 市场有效程度及其反映的信息

  对于中国试点 ETS 市场，学者们通过对市场信息渠道、交易成本、市场规则及机制的分析，推断认为中国试点 ETS 尚不属于强式和半强式有效市场。因而，相关的学术研究中，主要通过计量分析的方法判断试点 ETS 市场能否通过弱式有效检验，即当前价格是否充分反映了市场中的全部历史价格信息（Wang *et al.*, 2018b）。

  对国内试点 ETS 市场有效性的研究采用的计量方法包括随机均衡模型、方差比率检验、随机游走模型、动态优化方法、单位根检验、单位协整检验等，还有基于这些基本方法的拓展方法（赵立祥等，2018）。通过这些方法对碳价格的动态特性、现货价格与期货价格之间的关系等进行检验（王倩等，2014；王扬雷等, 2015; Zhao *et al.*, 2016; Zhao *et al.*, 2017），判定 ETS 市场的有效性程度。例如，王扬雷等（2015）选取了 2013 年 11 月 28 日到 2015 年 6 月 29 日期间北京环境交易所公布的碳配额价格，运用重标极差分析法等计量方法，认为北京试点 ETS 市场尚未达到弱势有效的水平。除了基于有效市场理论的分析之外，还有一些学者从市场回报、投资环境等角度对试点 ETS 的市场运行状况进行了分析（Lo *et al.*, 2013; Munnings *et al.*, 2016; Ren *et al.*, 2017; Tan *et al.*, 2017）。例如，任等（Ren *et al.*, 2017）使用 ARMA-GARCH-M 模型对深圳试点 ETS 的市场金融风险进行了研究，他们认为市场的回报率与预期的风险负相关，这与通常的金融市场预期和资产定价理论的预期相悖。罗等（Lo *et al.*, 2013）认为在 ETS 中存在明显的权力分层和不对等，ETS 市场基本被政府控制，相对的，私人投资和非国有金融部门没有被充分调动。

  关于国外 ETS 市场有效性的研究与关于国内试点 ETS 市场有效性的研究类似（Seifert *et al.*, 2008; Montagnoli *et al.*, 2010; Feng *et al.*, 2011; Chesney *et al.*, 2012; Charles *et al.*, 2013; Daskalakis, 2013; Tang *et al.*, 2013），这可能是由于这类分析一般以挖掘 ETS 市场价格所反映的信息为主，而碳价信息均可由公开渠道获得。例如，塞弗特等（Seifert *et al.*, 2008）采用随机均衡模型研究了 EU ETS 下碳价的动态特性，认为碳价没有任何的周期特征，而贴现价格具有鞅过程（Martingale）的特点，实证检验认为 EU ETS 市场信息充分有效。唐等（Tang *et al.*, 2013）基于单位根检验与协整检验讨论了 EU ETS 下配额现货市场与期货市场之间的关系，认为期货市场在一个月的时间范围有效，他们使用向量误差修正模型（VECM）的分析发现，价格的影响将持续三个月。

一些研究关注了 ETS 运行过程中其他因素，如市场参与者的行为、场内场外交易、政策调整等对于 ETS 市场有效性的影响（Balietti, 2016; Rannou *et al.*, 2016; Fan *et al.*, 2017）。例如，巴列蒂（Balietti, 2016）研究了 EU ETS 第一阶段中市场参与者的交易行为与碳价之间的关系，主要关注不同类型交易者承担的角色。研究认为，交易行为与碳价波动存在正向的、明显的关系。正向的关系主要归因于能源供应商；工业企业在波动平缓时交易相对频繁；以金融中间商为代表的非强制市场参与者则更加灵活，他们在价格波动较强时与能源部门交易，波动较平缓时与工业部门交易。

总的来讲，评估 ETS 市场运行表现的研究以基于有效市场理论的分析为主，通常采用计量分析方法，具体为四类检验方法，即游程检验、序列相关检验、单位根检验和方差比检验，以及基于这些基本方法的拓展方法（赵立祥等，2018）。另有一些学者通过对 ETS 的市场交易表现、碳价动态特性、市场运行环境、体系机制设计等的分析，定性评估了 ETS 的运行状况，提出了针对 ETS 设计的改进建议。

三、国内试点 ETS 效果评估中存在的问题

（一）评估工作的机制不够完善

在国外 ETS 体系评估工作的开展过程中，相关的工作流程、组织框架、相关方职责均有较为明确的规定，并且有较为坚实的法律基础可为评估工作提供支撑。例如，EU ETS 的评估工作由欧盟委员会启动，所有的评估流程、环节与相关方职责需依照《完善法规指南》（Better Regulation Guidelines）执

行（DG Clima, 2016; EC, 2017）。RGGI 体系在启动之前，各参与州即在 MOU 中明确提出了要对体系进行定期的"项目回顾"，同时明确了"项目回顾"程序中需要评估的各项参数。加州界定规划的更新工作也在 AB32 中予以明确规定，评估工作由 ARB 牵头，并且至少每五年更新一次。这些基础性文件的法律层级均比较高，《完善法规指南》是 EU 范围内进行所有政策评估均需遵守的标准化文件；AB32 是加州开展应对气候变化工作的根本法律；MOU 虽不具备法律约束力，但这主要是受限于美国联邦宪法的"协议条款"（compact clause）的规定，而 MOU 实际上是 RGGI 得以建立的基础。

相较而言，在国内试点 ETS 中，无论是上位法，还是 ETS 本身的法律法规体系，均未对体系的评估工作进行明确规定。在运行实践中，各试点的主管部门会对体系的运行状况进行追踪、对碳减排效果等政策效果进行评估，进而进行一定的政策调整。然而，这些评估与调整工作更多的是在工作实践中探索出来的经验，鲜有公开信息披露评估工作的具体开展情况，这使得评估工作缺乏透明度，降低了评估工作的可信性和效率，甚至有损于主管部门以及试点体系的公信力。

（二）对评估方法的认识错误

国外体系在效果评估的过程中，主管部门较为注重对 ETS 效果的归因分析，即探究"相较于假设没有这项政策实施的情景下，实施 ETS 产生了什么样的影响"。而在国内试点的相关研究中，试点运行或分析报告中评估 ETS 效果常采用历年碳排放量或碳强度的同比、环比变化情况进行分析。然而，该方法不能有效甄别经济社会发展过程中其他节能减排政策、宏观经济形势、行业供需状况等因素的混杂影响。因而即使观察到了碳排放量等指标的变化，也不能说明该影响是 ETS 的作用（Ellerman *et al.*, 2008; Martin *et al.*, 2016）。因此，为了更为有效的说明试点 ETS 的效果，需进一步加强对政策效果评估理论的研究，纠正评估方法上存在的认识误区，充分利用主管部门可以获取较为准确的纳入企业和企业碳排放的数据优势，对体系的效果做出可信和稳健的评估。

（三）评估的数据基础薄弱

ETS 效果评估的方法以计量分析方法为主，具体包括 DID、PSM-DID 和 DDD 等。然而在具体的评估工作中，这些方法的应用可能面临很大的困境，主要原因是评估所需的数据获取困难（Petrick *et al.*, 2014; Wagner *et al.*, 2014）。

一方面，为了进行定量的计量分析，样本量需要满足一定的要求。然而，在实际工作中，我国试点 ETS 主管部门公布的定量信息非常有限，所公布的少数定量信息主要局限于体系层面的设计数据，比如体系的年度配额总量及其构成，所有试点均没有公布本体系的实际碳排放数据，更不用说企业层面的数据。虽然可以通过调研获取企业层面的数据，但由于企业和试点主管部门对调研的配合意愿不高，可获取的调研样本量常常难以满足要求，单个试点样本量不足的问题则更加严重。

另一方面，为了进行 ETS 政策效果的归因分析，除了需要获取纳入企业的相关数据之外，还需要一定量的与纳入企业类似的未纳入企业的数据以建立对照组，但这部分未纳入企业往往没有义务提交其碳排放相关数据，这同样给计量分析带来了很大的困难。另外，除了碳排放量、碳强度、主要产品产量等主要结果变量数据外，分析还需要企业的财务数据等用于描述企业的特征，以避免在分析过程中因遗漏变量而产生严重的内生性问题，而这部分数据对于企业来说是机密信息，除了上市企业外，很难通过公开资料获取（沈洪涛等，2017；黄向岚等，2018）。总之，当前企业层级数据可获得性差的问题，是国内试点 ETS 效果评估目前面临的主要障碍。

（四）事后评估的研究重视不足

可能受限于评估工作机制不完善、评估方法的不严谨以及评估数据的不可获得等原因，目前关于中国试点 ETS 效果评估的研究体量明显不足，这也在一定程度上阻碍了全面了解我国试点 ETS 的政策效果，并据此对试点体系设计进行完善，对全国体系设计提供有针对性的建议。

在国外的一些主要 ETS 中，主管部门一般会成立专门的工作团队，系统评估体系的政策效果，所用的方法包括对现有的学术研究、权威报告等进行系统性梳理、总结和提炼，以期全面客观地评估和认识体系的效果。如在 2016年，欧盟委员会发布的《EU ETS 指令评估》（Evaluation of the EU ETS Directive）中，研究团队对 160 余篇评估 EU ETS 的主要文献进行了综述，比较分析了不同研究的结论，对体系的效果及机制设计进行了系统的评估（DG Clima, 2016）。在 2016 年，新西兰环境部在所发布《2016 年新西兰 ETS 评估》（Ministry for the Environment of New Zealand, 2016）的编写过程中，也采用了类似的方式。

对现有文献进行全面的综述，有助于保证分析结论的客观性；同时，对于主管部门来说，采取这种评估方式也有助于保证评估工作的成本有效性。目前对于我国试点 ETS 效果的评估研究还非常零散、不成体系，由于所用研究方法不同和数据来源的差异，相关研究的结论甚至相悖。目前情况下，主管部门很难通过对评估文献的系统梳理得出令人信服的结论。而试点主管部门发布的运行和分析报告，一方面存在理论上的缺陷，另一方面也没有深入挖掘体系的运行效果，大多是对其运行表现进行一般性的分析，对于体系设计改进的参考作用比较有限。

为更好地开展评估工作，需要加大体系设计和运行等相关数据的公开力度，企业应更加主动地公布碳减排的相关信息，研究中也应探索更先进和多样的分析方法。

第二节　ETS 与其他碳减排政策的协调

一、政策协调的评估

（一）不同政策的相互作用

我国为实现国家自主贡献减排目标，实施了形式多样的碳减排战略、政策和措施，除了 ETS 外，还涉及调整产业结构和能源结构、推动节能和提高能效、发展可再生能源、设立碳排放控制目标等多个方面。ETS 与其他减碳政策紧密相关，这些政策之间可能存在协同和互补，也可能存在重复和冲突。通过节能和可再生能源政策，我国已经为很多主要的高温室气体排放企业设定了具体的减排目标和任务，这些企业也被纳入到试点或全国 ETS，例如电力企业一直有具体的节能和可再生能源配额目标。由于 ETS 与其他减碳政策在政策目标和管控对象等方面存在着一定的交叉和重叠，不可避免地存在着直接或者间接的相互影响。因此需要分析 ETS 与其他相关政策之间的相互作用，从而进一步改进和完善 ETS 设计，并提出不同政策之间的协调机制，以充分发挥各项政策的作用。

不同政策工具的框架和要素设计会导致不同政策之间的相互作用表现出不同的结果，包括补充（协同）、冲突（干扰）、重叠和中立四种（Oikonomou et al., 2008）。理论上说，最佳的政策组合应该明确不同政策所针对的具体领域或者需要解决的具体问题，避免政策之间的重叠和交叉。但在实践中，由于一个政策往往可能产生多方面的影响，例如可再生能源政策可以同时促进能源系统低碳化、可再生能源技术进步、改善区域环境质量等，因此不可避免会出现多个政策同时对一个领域产生作用、不同政策之间交互影响，因而有必要对不同政策的设计进行协调（段茂盛，2018）。

ETS 作为一种市场型政策手段，可以以较低的社会总成本实现既定的减排目标，是我国在碳减排领域深化体制改革的重要尝试。无论是在试点还是全国 ETS 的设计中，如何与其他相关政策的相互作用和协调都是一个重要问题。目前分析我国 ETS 与其他相关政策之间协调的研究较少，虽然已有研究充分肯定了这种协调的必要性，但在实践中政策之间的协调仍比较缺乏（王班班等，2016; Jotzo *et al.*, 2014）。

欧盟等地区由于 ETS 政策的制定和实施较早，分析 ETS 与其他减碳政策之间相互作用的研究相对较多，在政策设计和实施中也进行了较为有效的协调（段茂盛，2018）。对 EU ETS 与欧盟的可再生能源政策、能效政策相互作用的研究表明，这些政策目标之间存在着重叠。一方面，在 ETS 总量已经设定的情况下，可再生能源和能效政策不会影响覆盖行业的碳排放总量上限（Fischer *et al.*, 2010），但却会增加覆盖行业和整个社会的减排成本，因为通过这些政策实现的高成本减排替代了通过 ETS 实现的低成本减排（Philibert, 2011），这降低了 ETS 的效率。另一方面，可再生能源政策和能效政策也会实现一定比例的减排目标，在制定 ETS 的总量目标时，如果忽略了这些政策的减排效果，有可能造成 ETS 的约束过于松弛，使得配额供给过剩，碳价过低（Böhringer *et al.*, 2010）；如果可再生能源、能效政策的目标足够严格，甚至可以完全覆盖 ETS 的总量目标，则会造成 ETS 政策成为冗余；此外，ETS 与节能、可再生能源等政策的管控群体的重叠还可能会引起双重管制的问题。双重管制的影响程度取决于政策工具目标之间相互重叠覆盖的程度，往往会导致目标群体减排成本的上升和竞争的扭曲（嵇欣，2014），在一定程度上影响政策的公平性和可接受性。

全国 ETS 所覆盖的重点排放单位大都也属于重点企业节能行动所约束的重点用能单位，由于我国的能源结构以化石能源为主，因此节能政策的设计和实施对于全国 ETS 的实施效果将产生直接和重大的影响。发电行业作为我国最大的碳排放部门，是全国 ETS 最先纳入的部门，也是可再生能源政策的主要目标群体，无论是可再生能源政策还是全国 ETS，都将对发电行业的碳排放情况产生重要影响。另外，碳排放与大气污染物均主要由化石燃料燃烧产生，两者同根同源，因而，ETS 对碳排放的约束目标与大气污染物控制目标之间也存在着重要的相互作用。虽然多种政策工具的共存具有其合理性，例如可以实现多重政策目标（Klessmann *et al.*, 2011），克服单一政策可能引起的市场失灵等，但也可能存在矫枉过正的情况。一方面，这使得企业受多个政策管控，生产成本进一步增加；另一方面，这也增加了政策的实施成本，尤其是行政管理成本。多种政策同时实施的效果并不是单一政策的线性加总，尤其是在政策实施效果与实施成本不成比例的情况下（段茂盛等，2017）。此外，在我国应对气候变化职能部门由国家发展和改革委员会转隶至生态环境部的这一背景下，ETS 设计者需要进一步考虑如何充分利用已有的大气污染物控制政策基础来推进 ETS 建设和运行工作，包括如何在现有排污许可证制度的基础上设立碳排放许可证，如何在现有的环境统计、监测体系基础上建立二氧化碳的监测、报告和核查（MRV）体系，如何利用现有的环境监管体系和执法队伍促进 ETS 覆盖企业的履约等。

（二）政策相互作用的评估指标

政策之间的有效协调对政策的成功实施至关重要，而对政策之间相互作用的系统分析是政策协调的前提。在分析 ETS 与节能、可再生能源等政策的相互作用时，需要采用一些指标作为衡量政策相互作用的标准，以帮助政策制定者选择最优的政策组合、实现特定的政策目标。政策相互作用常用的评估指标主要包括有效性、成本效益、动态效率、公平性、对经济社会的影响、政治可行性等（Antonioli *et al.*, 2014; González, 2007）。在分析 ETS 与其他政策之间的相互作用时，应综合考虑以上评估指标，以充分理解政策之间相互作用的程度，并据此优化政策的工具组合。

在分析 ETS 与其他政策的相互作用进而提出可能的协调机制时，需要从政策的构成要素、政策的制定过程、政策特征、政策维度、政策效果及影响等多个方面建立分析框架。政策的构成要素包括政策目标、管控对象、政策工具等；政策的制定过程包括政策的启动批准、起草、审核、决策、颁布等过程；政策特征主要包括政策组合要素的一致性和政策制定过程的连贯性；政策维度包括政策领域、管理层级，以及政策工具覆盖的时间和地理范围（Rogge *et al*., 2016）。在分析 ETS 与节能政策、可再生能源政策、环保政策间的相互作用时，需要从上述多个角度出发，识别相关政策共同实施时可能出现的冲突和问题，分析政策之间缺乏协调的主要原因，并提出有针对性的协调机制。

二、可再生能源政策

（一）主要政策措施

在《可再生能源法》的基础上，我国逐渐形成了以总量目标政策为主，固定上网电价和配额制为辅的可再生能源政策体系（张亦驰等，2017）。

1. 总量目标政策

总量目标政策以法律形式规定了一定时期内可再生能源开发总量的绝对目标，和一定时期内可再生能源在整个能源结构中所占比例的相对目标。总量目标政策虽然没有明确提出支持可再生能源发展的具体措施，但作为我国可再生能源发展的顶层规划，总量目标会释放出强烈的政策导向信息，影响市场相关主体的决策，从而达到《可再生能源法》中提到的政府引导与市场促进相结合的效果（Wang *et al*., 2010; 伍勇旭等, 2016）。

总量目标多出现在可再生能源发展的专项规划中，例如 2016 年公布的《可再生能源发展"十三五"规划》提出，到 2020 年，全部可再生能源的年利用量目标为 7.3 亿吨标煤，商品化的可再生能源利用量达到 5.8 亿吨标煤，全部可再生能源发电装机达到 6.8 亿千瓦，发电量达到 1.9 万亿千瓦时，占全部发电量的 27%。[①]除了容量目标之外，《可再生能源发展"十三五"规划》还提出了可再生能源的总发电目标，以期解决我国可再生能源电力设备利用率不高的问题（Sahu, 2018; Liu, 2019）。

2. 固定上网电价政策

该政策根据不同可再生能源发电技术的平均社会成本，分门别类制订相应的上网电价。其核心是政府根据可再生能源发展总量目标的要求和技术发展水平，规定某一时期内应用各种不同可再生能源技术情景下的上网电价水平（王晨晨等，2017；Blazquez *et al.*, 2018）。作为一种基于价格的政策工具，固定上网电价在很长一段时间内都是我国实现可再生能源发展目标的重要政策手段（Duan *et al.*, 2017）。

在实践中，可再生能源发电商的售电收入由两部分构成，一部分来自电网公司根据基准燃煤电价支付的电费，另一部分来自可再生能源发展基金，用以补足可再生能源电价与基准电价的差额。可再生能源发展基金由财政部根据 2009 年修订的《可再生能源法》设立，资金来源于国家专项资金和依法征收的可再生能源电价附加收入等（伍勇旭等，2016）。可再生能源发展基金除用于各类可再生能源的发电补偿外，还用于其他可再生能源开发利用项目的补贴、补助等。固定电价上网政策极大地刺激了我国可再生能源的发展，到 2015 年底，中国风能和太阳能的装机容量和累计装机容量均已居世界第一（Sahu, 2018）。

3. 可再生能源配额制

随着可再生能源的快速发展和燃煤基准上网电价的降低，对可再生能源开发补贴的需求急剧增加，补贴资金难以为继（马丽梅等，2018）。据国家能源局统计，截至 2017 年底，累计可再生能源发电补贴缺口已达 1127 亿元，且缺口仍在进一步扩大。为此，2018 年和 2019 年国家能源主管部门先后发

---

①国家发展和改革委员会：《可再生能源发展"十三五"规划》，2016 年。

布了《可再生能源电力配额及考核办法（征求意见稿）》以及《关于建立健全可再生能源电力消纳保障机制的通知》，以期利用可再生能源配额制缓解补贴压力并逐步代替国家的可再生能源补贴制度。

可再生能源配额制指政府用法律的形式对可再生能源发电的市场份额做出强制性的规定。各类售电公司、参与电力直接交易的电力用户和拥有自备电厂的企业被要求共同完成可再生能源电力的消纳任务，配合使用可再生能源电力核发的可交易的绿色电力证书，可以成本有效的完成既定的可再生能源发展目标（Solangi *et al.*, 2011; Wang *et al.*, 2014; Sequeira *et al.*, 2018）。

我国的可再生能源配额制首先由国务院能源主管部门按省级行政区域确定消纳责任权重，包括总量消纳责任权重和非水电消纳责任权重。随后，各省级能源主管部门牵头承担落实责任，组织制定本省区域的可再生能源电力消纳实施方案；售电企业和电力用户协同承担消纳责任；电网企业则负责组织实施经营区内的消纳责任权重落实工作。售电企业和电力用户通过实际消纳可再生能源电量、购买其他市场主体的超额消纳量、自愿认购绿色电力证书等方式，完成消纳义务。

（二）与 ETS 的相互作用

一方面，ETS 与可再生能源政策在政策目标、管控对象、政策工具等政策要素上都具有一定的重叠性。从政策目标来看，ETS 的短期目的是以成本有效的方式完成碳减排，长期目标是推动能源结构优化，逐步提高可再生能源占比（Linares *et al.*, 2008; Delarue, 2016）；从管控对象来看，发用电企业均为二者的重要作用对象；从政策工具来看，近年来可再生能源政策逐步转向可再生能源配额制、消纳保障机制等总量—交易的市场化政策工具，其原理也与 ETS 趋于一致。

另一方面，ETS 与可再生能源政策在政策特征上存在着较大不同。就政策的连贯性和一致性而言，可再生能源政策的政策目标和政策工具都曾出现过变化，早期可再生能源的政策目标多重点关注于装机容量、投资量等指标，近年来逐渐转向消纳等现实问题；可再生能源早期以财政补贴的固定上网电价政策为主，近年来转向市场化政策工具。而就各试点碳市场的运行情况来看，ETS 的政策连贯性和一致性则较高，各试点的政策文件、政策目标、实施过程、政策工具都未出现太大变化。

基于 ETS 与可再生能源政策在各政策要素上的重叠性和差异性，二者的相互作用主要体现在两个方面：

首先，ETS 赋予了可再生能源相对化石能源的显著竞争优势，这有利于可再生能源发展目标的实现；而可再生能源政策通过改变能源结构的方式可以降低碳强度，实现温室气体减排。碳价格的引入将进一步提高化石能源成本，促进可再生能源在发电企业和用能行业的竞争优势，从而激励市场主体投资可再生能源设备，采用可再生能源替代化石能源（Chang *et al.*, 2015; Wu *et al.*, 2016; Fan *et al.*, 2014）。同时，受传统电力价格上升的影响，部分企业可能选择建设可再生能源自备电厂，也会引导对可再生能源投资的增加、装机容量上升（del Río, 2006; 莫建雷等, 2018）。

其次，可再生能源的大规模发展会导致对碳配额需求的下降，进而导致碳价下跌并影响 ETS 的实施效果；而在 ETS 之外增加可再生能源政策则会导致政策冗余，影响政策有效性。可再生能源规模的提高将导致碳排放量低于预期（Morthorst, 2001; Unger *et al.*, 2005; Bird *et al.*, 2011; Weigt *et al.*, 2013），进而导致碳价下降，可能反而有利于常规化石燃料发电。较低的碳价也不利于 ETS 纳入主体对减排技术的投资和创新活动（Gawel *et al.*, 2014）。同时，补贴目前昂贵的二氧化碳减排或能源替代技术（如可再生能源），会淘汰边际减排成本较低的技术（Shahnazari *et al.*, 2017），导致达到既定减排目标的成本增加并影响 ETS 的成本有效性（Fischer *et al.*, 2010; Abrell *et al.*, 2015; Ji *et al.*, 2018）。

（三）ETS 与可再生能源政策的协调实践

1. 国外的协调实践

在 EU ETS 第一期，欧盟委员会提出了两个目标之间的协调准则，并要求每个成员国在考虑其国家可再生能源发展所减少的碳排放的情况下分配 ETS 的配额。然而，由于 EU ETS 第一期中的配额分配在很大程度上由各成员国控制，因此这两个政策目标之间的协调机制实际上相当不完善（Linares *et al.*, 2008）。

在 EU ETS 第三期，欧盟委员会收回了各国配额总量设定的权力，在其 2020 年气候和能源综合评估中充分考虑了温室气体排放、可再生能源发展和能源效率目标，并在设定碳排放总量时考虑到了评估结果（European Commission, 2008），由此避免了排放配额的过量超发以及过低碳价的出现。

2. 国内的协调实践

目前，全国 ETS 尚处于起步阶段，各试点 ETS 虽已正常运行，但仍缺乏与可再生能源政策良好协调的案例。未来的全国 ETS 应从以下两个方面做好与可再生能源政策的协调。

第一，合理设定总量上限。ETS 是总量—交易机制，合理的总量是市场发挥既定作用的基础。EU ETS 的经验表明，如果不能充分考虑可再生能源发展带来的碳减排效果，那么设定的总量很可能过于宽松，从而导致配额需求的减少和碳价的下跌。因此我国全国 ETS 的总量设定应将可再生能源的发展目标纳入进来，充分考虑可再生能源五年规划与可再生能源配额制中的装机容量、发电量目标，避免总量设定过于宽松。

第二，合理进行配额分配。若要最大化 ETS 与可再生能源政策的协同效应，充分发挥 ETS 对可再生能源发展的促进作用，需要通过 ETS 进一步提升可再生能源发电的相对竞争力。因此，在配额分配的过程中要保证火电机组配额总体上适度短缺，提高其生产成本，使可再生能源电力获得相对竞争优势。全国体系下的配额分配将首先采用行业基准值法，因此实现上述目标的主要方式是设定合适的基准值。基准值越低，则纳入体系的化石燃料发电设施可获得的免费配额越少，其竞争力就相对越弱；反之亦然。但基准值的设定也需要考虑化石燃料机组的总体经济性，不能过分增加其成本，从而增加全国 ETS 的推行阻力（段茂盛，2018）。

三、其他环保政策

2018 年机构改革后，国务院应对气候变化的职能转隶到生态环境部，实现了温室气体减排和大气污染控制的统一归口管理。由于温室气体和大气污染物排放同根同源，统一管理有利于协同实现两者共同目标、节约执行成本和管理成本。全国 ETS 设计需要考虑与原有环保政策和管理体系相适应，在减排目标制定与分解、数据报告、交易、执法与监督等方面进行协调。ETS 与环保政策在政策目标制定和实施手段等方面也存在明显的差异，导致这些政策在实施过程中既可能相互支持与补充，也可能存在着冲突与重叠。因此，在 ETS 设计与实施过程中，有必要充分了解环保政策对碳减排的影响及其与 ETS 之间的相互影响机制，以此为基础构建有效的政策组合，避免目标设置冲突与实施过程的互耗。ETS 与相关环保政策之间的协调涉及以下两个方面：①主要环保政策与 ETS 的相互作用；②ETS 与相关环保政策的程序协调。

（一）主要环保政策与 ETS 的相互作用

与 ETS 有相互作用的环保政策涉及以下几个方面：①市场化工具，主要包括排污权交易和排污费等；②环境规制政策，主要包括技术与排放标准、产品与工艺限制以及强制信息披露制度等；③其他政策。这些环保政策都对节能减排有一定的影响，从而影响企业的碳排放。此外，这些政策还可能对企业的经济表现产生影响，从而影响企业的市场表现与技术投资决策。国内外已经有很多理论与实证研究分析了这些政策对 ETS 的短期和长期政策效果的影响。

市场化工具方面，排污权交易和 ETS 都旨在通过对环境产权的界定，利用市场手段解决环境外部性导致的市场失灵问题。然而，当前鲜有文献对两者之间的特征及内涵关系进行研究。目前国内的排污权交易尚处于试点阶段。2007 年以来，天津、河北、内蒙古等十一个省（自治区、直辖市）开展了排污权有偿使用和交易试点，各地随之相继出台并完善了排污权交易相关的政策体系，覆盖交易管理、排污权核定、基准价确定、有偿使用、收入管理等，相关交易机构也纷纷建立。2016 年，国务院办公厅印发了《控制污染物排放许可制实施方案》，采用"一证式"管理的环境保护制度改革将对未来排污权的有偿使用和交易试点造成一定的影响（刘侃等，2019）。王清军等（2012）研究了排污权的初始分配，但该分配是有偿的，而 ETS 下的配额分配在初期以免费分配为主。

环境规制方面，对于环境规制与碳排放之间的关系目前存在两种截然相反的观点。第一种是"绿色悖论"，这种观点认为环境规制并不能协助控制碳排放量，反而可能具有负面效应；另一种是"倒逼减排"，这种观点认为成本的提升可以促使企业通过技术革新与减少产量等手段主动降低碳排放量，从而达到宏观上节能减排的目标。很多基于我国数据的实证研究表明，现阶段我国的环境规制能有效遏制碳排放量的增长，即存在"倒逼减排"效应（程发新等，2018）；也有研究表明目前我国的环境规制对于减少碳排放的作用并不明显，或在部分地区并不明显，即我国目前存在"绿色悖论"（李斌等，2013；张先锋等，2014）；此外，还有一些实证研究发现，环境规制对碳排放的影响呈现出先促进后抑制的作用（路正南等，2016）。

（二）ETS 与相关环保政策的程序协调

我国 ETS 与相关环保政策在管制源头上存在相互交叉和重叠，实施效果之间也存在相互影响，需要对它们之间的相互作用进行分析，尽可能让他们发挥相互促进的作用，但实现融合存在一定的难度。

1. 减排目标的制定和分解

《大气污染防治法》提出国家对重点大气污染物的排放实行总量控制，国务院生态环境主管部门会同其他有关部门确定了总量控制目标和分解总量控制指标的具体方法。国务院办公厅下发的《控制污染物排放许可制的实施方案》，提出将控制污染物排放许可制建设成为固定污染源环境管理的核心制度，并围绕其建立了包括环境统计、总量控制、环境监测等一系列制度。全国 ETS 也是由国务院生态环境主管部门根据经济发展、产业调整和减排目标等制定总量控制和配额分配方案。由于碳配额的属性尚未得到明确，其未来是作为可交易的无形资产还是最终与污染物排放许可统一，尚需进一步的研究。

2. 数据报告

污染物通常采用在线监测的方式，我国已经建立了多级在线监测体系，并推行了刷卡排污制度。《大气污染防治法》规定，重点排污单位应当安装、使用大气污染物排放自动监测设备，并与生态环境主管部门的监控设备联网，保证监测设备正常运行并依法公开排放信息。而国内 ETS 通常采用通过能源消耗计算碳排放的方式，在线监测技术尚处在探索阶段。未来可考虑将碳排放和现有的污染物监测网络相结合，在监测记录和台账管理等一些环节协调数据内容与管理要求。

3. 交易平台

各个排污权交易试点都建立了独立的交易平台，负责组织排污权的一级和二级市场交易，其中部分试点由承担政府职能的机构负责运营，部分试点由独立企业运营。有的地区建立了排污许可、排污权管理、交易管理三个平台。排污权也逐渐由区域内交易逐步向跨区交易探索（付加锋等，2018）。我国的各个 ETS 试点均已建立了各自独立的交易平台，且有部分地区实现了排污权交易和碳交易平台的整合统一。排污权和碳排放权作为不同的交易品种，覆盖的排放主体较为接近，使用共同的登记和交易平台等基础设施可以降低交易运营和管理的成本。

4. 执法和监督

生态环境部既是全国 ETS 的主管部门，同时也是相关环保政策的制定部门，各级生态环境主管部门履行生态环境监测和环境执法相关的监督检查职能。全国 ETS 下的执法可以充分利用环保政策下建立起来的执法体系，尤其是现有的各级环保执法队伍，这可以有效提升 ETS 纳入主体的责任意识，强化对违约者的处罚力度。

四、进一步协调需求

由于节能、可再生能源、大气污染物控制等政策与全国 ETS 的实施之间存在各种直接和间接的相互影响，因此全国 ETS 的设计应该与其他相关政策的设计进行有效协调，以提高共同实施的有效性、成本效益、公平性和政治可行性（段茂盛，2018）。事实上，相关主管部门已经认识到了对全国 ETS 与其他相关政策之间进行协调的必要性，然而在实践中，这种协调仍然比较缺乏。

在全面深化改革进程中，中央一直强调要重视顶层设计，以便从全局角度系统规划相互关联的改革任务，提高实现相关政策目标的效率。为避免政策之间的冲突，在制定一种政策的同时，应充分考虑与其他相关政策工具的相互影响，且将不同政策目标的一致性作为政策协调的指导原则。从这一角度出发，我国应首先加强碳减排目标与其他政策目标之间的相互协调，包括经济发展目标、能源发展目标、环境治理目标以及 ETS 覆盖范围以外的碳减排目标。在此前提下优化相应的政策工具组合，如配额总量、补贴水平等，推动多种政策工具协同互补（范英等，2015）。

政策制定的过程，尤其是对参与其他相关政策制定的利益相关方咨询过程，为各个政策之间的协调提供了绝佳的机会。实际上，《碳排放权交易管理暂行办法》的制定过程中咨询了众多的关键利益相关者，包括其他主要减碳政策的主管部门，例如负责制定可再生能源政策的国家能源局、负责制定用能权交易政策的发改委环资司、负责制定和实施工业领域节能政策的工信部等。尽管 ETS 与其他相关政策的协调一直是各方协商中的关键问题，但最终的协调结果却并不乐观，这也反映出许多高度相关、并行实施的政策工具并不是有效和高效的。为了避免在碳减排领域的重复立法和漫长无效的协调过程，最基本和有效的解决方案可能是只采用某几项最重要的政策工具（Breslin,2016），但这在我国的政策实践中却很难实现，主要原因之一是相关主管部门均不愿意为了政策协调削减自己的职权范围（Duan *et al*., 2017）。

如果在政治层面进行有效协调十分困难，那么一个次优的手段就是在技术层面进行协调。例如在设计 ETS 的总量上限、配额分配方案、抵消机制等关键要素时，应将其他影响 ETS 覆盖部门和企业碳排放的政策考虑在内。

用能权交易制度需要确定合理的能源消费总量控制目标和用能单位初始用能权，并允许其在市场上交易；绿色证书交易机制通过设定燃煤发电机组和售电企业的可再生能源配额指标，要求市场主体通过购买绿色证书完成可再生能源配额义务。这两个政策与 ETS 政策的管控对象具有很大的重合度，且政策目标具有一定的一致性：增加可再生能源消费占比和减少能源消费总量均可以促进温室气体减排。因此在设置 ETS 的总量目标和配额分配方法时，需要考虑与企业的初始用能权、燃煤发电机组的可再生能源配额等指标保持一致。一方面，需要防止其他政策的减排效果使得企业盈余过多配额，造成碳价过低，ETS 失去实际减排作用；另一方面，也要防止企业获得的免费配额比例过高而形成变相补贴，进而阻碍其他政策目标的实现，例如当化石燃料机组的配额出现普遍剩余时，可能会不利于可再生能源的发展。另外，也可考虑允许企业将其购买的绿色证书用于在 ETS 中按照一定比例抵消其温室气体排放，以减轻企业因多重政策管控而增加的成本负担（段茂盛等，2017）。

尽管从技术层面对 ETS 与其他减碳政策进行协调的可行性更高，但实施过程也将面临一些重要的挑战。首先，节能和可再生能源等政策实际产生的减排量存在一定的不确定性，需要考虑如何及时调整 ETS 的总量目标和配额分配（Skytte，2006）；其次，节能和可再生能源等政策目标需要在 ETS 部门和非 ETS 部门之间进行分配，而只有针对 ETS 部门的目标才被考虑在 ETS 的总量设定和配额分配中。

原则上，政策之间的相互作用可以通过事前、事后或动态方式进行调整。事前协调可以通过能源经济模型定量分析 ETS 与其他相关政策之间的相互影响，并在设计 ETS 的关键要素时将这些影响考虑在内。然而，政策联合实施的实际情况可能与原始预测存在较大偏差，在这种情况下，动态调整机制或许更具可行性，即在 ETS 实施后的一些关键阶段，根据对 ETS 与其他减碳政策之间相互作用的实际评估结果，调整 ETS 及其他政策的部分设计要素，以避免不同政策的冲突，使不同政策的实施可以相互协调。对政策的动态调整机制还必须同时确保政策设计的短期确定性和长期灵活性，以保证政策的可信性（del Rio *et al.*，2013）。

虽然政策制定者已经意识到了 ETS 与其他减碳政策进行协调的重要性，但当前的协调效果仍然非常有限。在 2018 年国务院机构改革之前，ETS 与其他主要减排政策之间的协调主要是根据相关法律法规的要求，通过强制性咨询程序在国家发展和改革委员会内部、国家发展和改革委员会与国家能源局之间进行的。在应对气候变化职能由国家发展和改革委员会转隶至生态环境部之后，全国 ETS 与节能、可再生能源等政策的协调将主要在生态环境部、国家发展和改革委员会、国家能源局等相关部门之间进行，这可能会进一步增加政策协调的复杂性。同时，ETS 政策与传统污染物控制等环保政策的协调涉及生态环境部内部各职能部门间的协商。要真正实现 ETS 与其他相关政策的完全协调一致，还有很多困难需要克服。而做到有效协调的关键除需要对政策之间的相互作用和影响有清晰的理解之外，更需要有破除部门利益的政治勇气（段茂盛，2018）。作为参考，EU ETS 实施较早，在其 ETS 最初实施时也面临着与节能、可再生能源政策之间的协调问题，而欧盟从最初的各个政策独立设计、没有协调，改为以碳减排目标统领节能和可再生能源目标的实践，或许对我国具有一定的参考意义。

当前，我国全国 ETS 的许多政策细节仍在制定过程中，体系的设计未来还会进一步修改完善。政策设计者应该充分利用这些机会，在政治层面，应从顶层设计和全局角度系统规划相互关联的政策目标，并通过有效的咨询和协商程序，尽量避免政策之间的直接冲突；在技术层面，应对 ETS 与节能等政策联合实施的相互作用与影响进行综合评估与分析，以便对政策设计和修改提供支撑；同时，基于动态调整机制，在政策制定和实施的关键时间节点对各个政策的关键设计要素进行修改完善，确保相互关联的政策之间实现有效的协调。

参考文献

Abrell J., H. Weigt, 2015. The Interaction of Emissions Trading and Renewable Energy Promotion. MPRA Working Paper.

Abrell J., A. N. Faye, G. Zacjmann, 2011. Assessing the Impact of the EU ETS Using Firm Level Data. Working Paper.

Anderson, B., C. Di Maria, 2011. Abatement and Allocation in the Pilot Phase of the EU ETS. *Environmental & Resource Economics*, 48(1), 83-103.

Anger N., U. Oberndorfer, 2008. Firm Performance and Employment in the EU Emissions Trading Scheme: An Empirical Assessment for Germany. *Energy Policy*, 36(1), 12-22.

Antonioli D., S. Borghesi, A. Damato, *et al.*, 2014. Analysing the Interactions of Energy and Climate Policies in a Broad Policy 'Optimality' Framework: The Italian Case Study. *Journal of Integrative Environmental Sciences*, 11, 205-224.

Balietti A. C., 2016. Trader Types and Volatility of Emission Allowance Prices. Evidence from EU ETS Phase I. *Energy Policy*, 98, 607-620.

Bel G., S. Joseph, 2015. Emission Abatement: Untangling the Impacts of the EU ETS and the Economic Crisis. *Energy Economics*, 49, 531-539.

Bird L., C. Chapmanand, J. Logan, *et al.*, 2011. Evaluating Renewable Portfolio Standards and Carbon Cap Scenarios in the U.S. Electric Sector. *Energy Policy*, 39(5), 2573-2585.

Blazquez J., R. Fuentes-Bracamontes, C. A. Bollino, *et al.*, 2018. The Renewable Energy Policy Paradox. *Renewable and Sustainable Energy Reviews*, 82(1), 1-5.

Böhringer C., K. E. Rosendahl, 2010. Green Promotes the Dirtiest: On the Interaction between Black and Green Quotas in Energy Markets. *Journal of Regulatory Economics*, 37(3), 316-325.

Borghesi S., G. Cainelli, M. Mazzanti, 2015. Linking Emission Trading to Environmental Innovation: Evidence from the Italian Manufacturing Industry. *Research Policy*, 44(3), 669-683.

Breslin S., 2016. *China and the Global Political Economy*. Springer.

Bushnell J. B., H. Chong, E. T. Mansur, 2013. Profiting from Regulation: Evidence from the European Carbon Market. *American Economics Journal: Economic Policy*, 5(4), 78-106.

Calel R., A. Dechezlepretre, 2016. Environmental Policy and Directed Technological Change: Evidence from the European Carbon Market. *Review of Economics and Statistics*, 98(1), 173-191.

Chan H. S., R. S. Li, F. Zhang, 2013. Firm Competitiveness and the European Union Emissions Trading Scheme. *Energy Policy*, 63, 1-27.

Chang Y.,Y. Li, 2015. Renewable Energy and Policy Options in an Integrated ASEAN Electricity Market: Quantitative Assessments and Policy Implications. *Energy Policy*, 85, 39-49.

Charles A., O. Darné, J. Fouilloux, 2013. Market Efficiency in the European Carbon Markets. *Energy Policy*, 60, 785-792.

Chesney M., L. Taschini, 2012. The Endogenous Price Dynamics of Emission Allowances and an Application to CO_2 Option Pricing. *Applied Mathematical Finance*, 19(5), 447-475.

Commins N. S., M. S. Lyons, N. C. Tol., 2011. Climate Policy and Corporate Behaviour. *Energy Journal*, 4(32), 51-68.

Costantini V., M. Mazzanti, 2012. On the Green and Innovative Side of Trade Competitiveness? The Impact of Environmental Policies and Innovation on EU Exports. *Research Policy*,

41(1), 132-153.

Daskalakis G., 2013. On the Efficiency of the European Carbon Market: New Evidence from Phase II. *Energy Policy*, 54, 369-375.

Del Río P., 2006. The Interaction between Emissions Trading and Renewable Electricity Support Schemes. An Overview of the Literature. *Mitigation and Adaptation Strategies for Global Change*, 12(8), 1363-1390.

Delarue E., K. van den Bergh, 2016. Carbon Mitigation in the Electric Power Sector under Cap-and-trade and Renewable Policies. *Energy Policy*, 92, 34-44.

Delarue E., K. Voorspools, W. D'Haeseleer, 2008. Fuel Switching in the Electricity Sector under the EU ETS: Review and Prospective. *Journal of Energy Engineering*, 134(2), 40-46.

Deng Z, Li D, Pang T, *et al.*, 2018. Effectiveness of Pilot Carbon Emissions Trading Systems in China. *Climate Policy*, 18(8), 992-1011.

Directorate-General for Climate Action (European Commission) (DGClima), 2016. Evaluation of the EU ETS Directive—Carried out within the Project "Support for the Review of the EU Emissions Trading System".

Duan M., Z. Tian, Y. Zhao, *et al.*, 2017. Interactions and Coordination Between Carbon Emissions Trading and Other Direct Carbon Mitigation Policies in China. *Energy Research & Social Science*, 33, 59-69.

Ellerman A. D., B. K. Buchner, 2008. Over-allocation or Abatement? A Preliminary Analysis of the EU ETS based on the 2005-2006 Emissions Data. *Environmental & Resource Economics*, 41(2), 267-287.

Ellerman A. D., F. J. Convery, C. de Perthuis. 2010. *Pricing Carbon: The European Emissions Trading Scheme*. Cambridge University Press.

Engels A., 2009. The European Emissions Trading Scheme: An Exploratory Study of How Companies Learn to Account for Carbon. *Accounting, Organizations and Society*, 34(3-4), 488-498.

European Commission (EC), 2008. *Annex of the European Commission Impact Assessment Document of the Energy and Climate Package*.

European Commission (EC), 2017. *Commission Staff Working Document—Better Regulation Guidelines*.

Fama E. F., 1970. Efficient Capital Markets: a Review of Theory and Empirical Work. *The Journal of Finance*, 25(2), 383-417.

Fan Y., X. Wang. 2014. Which Sectors Should Be Included in the ETS in the Context of a Unified Carbon Market in China? *Energy and Environment*, 25(3-4), 613-634.

Fan Y., J. Jia, X. Wang, *et al.*, 2017. What Policy Adjustments in the EU ETS Truly Affected the Carbon Prices? *Energy Policy*, 103, 145-164.

Feng Z., L. Zou, Y. Wei., 2011. Carbon Price Volatility: Evidence from EU ETS. *Applied Energy*, 88(3), 590-598.

Fischer C., L. Preonas, 2010. Combining Policies for Renewable Energy: Is the Whole Less Than the Sum of Its Parts? *International Review of Environmental and Resource,* 4(1),51-92.

Gawel E., S. Strunz, P. Lehmann, 2014. A Public Choice View on the Climate and Energy Policy Mix in the EU—How do the Emissions Trading Scheme and Support for Renewable Energies Interact? *Energy Policy*, 64, 175-182.

González P. D. R., 2007. The Interaction Between Emissions Trading and Renewable Electricity Support Schemes. An Overview of the Literature. *Mitigation and Adaptation Strategies for Global Change*, 12(8), 1363-1390.

Hoffmann V. H., 2007. EU ETS and Investment Decisions: The Case of the German Electricity Industry. *European Management Journal*, 25(6), 464-474.

Hu Y., S. Ren, Y. Wang, *et al*., 2020. Can Carbon Emission Trading Scheme Achieve Energy Conservation and Emission Reduction? Evidence from the Industrial Sector in China. *Energy Economics*, 85.

Jaraitė J., C. Di Maria., 2014. Did the EU ETS Make a Difference: An Empirical Assessment Using Lithuanian Firm-level Data. CERE Working Paper.

Ji Q., D. Zhang, J. B. Geng, 2018. Information Linkage, Dynamic Spillovers in Prices and Volatility between the Carbon and Energy Markets. *Journal of Cleaner Production*, 198(10), 972-978.

Jotzo F., A. Löschel, 2014. Emissions Trading in China: Emerging Experiences and International Lessons. *Energy Policy*, 75, 3-8.

Klemetsen M. E., K. Einar, 2016. The Impacts of the EU ETS on Norwegian Plants' Environmental and Economic Performance. CREE Working Paper.

Klessmann C., A. Held, M. Rathmann, *et al*., 2011. Status and Perspectives of Renewable Energy Policy and Deployment in the European Union—What is Needed to Reach the 2020 Targets? *Energy Policy*, 39(12), 7637-7657.

Linares P., F. J. Santos, M. Ventosa, 2008. Coordination of Carbon Reduction and Renewable Energy Support Policies. *Climate Policy*, 8(4), 377-394.

Liu H., Lin B., 2017. Cost-based Modelling of Optimal Emission Quota Allocation. *Journal of Cleaner Production*, 149, 472-484.

Liu W., Z. Wang, 2017. The Effects of Climate Policy on Corporate Technological Upgrading in Energy Intensive Industries: Evidence from China. *Journal of Cleaner Production*, 142, 3748-3758.

Lo A. Y., M. Howes, 2013. Powered by the State or Finance? The Organization of China's Carbon Markets. *Eurasian Geography & Economics*, 54(4), 386-408.

Martin R., M. Muûls, U. J. Wagner, 2013. Carbon Markets, Carbon Prices and Innovation: Evidence from Interviews with Managers. Working Paper.

Martin R., M. Muûls, U. J. Wagner, 2016. The Impact of the European Union Emissions Trading Scheme on Regulated Firms: What Is the Evidence after Ten Years? *Review of Environmental Economics and Policy*, 10(1), 129-148.

McGuinness M., A. D. Ellerman, 2008. CO_2 Abatement in the UK Power Sector: Evidence from the EU ETS Trial Period. CEEPR Working Paper.

Ministry for the Environment of New Zealand, 2016. *The New Zealand Emissions Trading Scheme Evaluation 2016*.

Montagnoli A., F. P. de Vries, 2010. Carbon Trading Thickness and Market Efficiency. *Energy Economics*, 32(6), 1331-1336.

Morthorst P. E., 2001. Interactions of a Tradable Green Certificate Market with a Tradable Permits Market. *Energy Policy*, 29(5), 345-353.

Munnings C., R. D. Morgenstern, Z. Wang, 2016. Assessing the Design of Three Carbon Trading Pilot Programs in China. *Energy Policy*, 96, 688-699.

OECD, 2005. *Oslo Manual: Guidelines for Collecting and Interpreting Innovation Data (3rd Edition)*. Paris, OECD.

Oikonomou V., C. J. Jepma, 2008. A Framework on Interactions of Climate and *Energy Policy* Instruments. *Mitigation and Adaptation Strategy for Global Change*, 13(2), 131-156.

Petrick S., U. J. Wagner, 2014. The Impact of Carbon Trading on Industry: Evidence from German Manufacturing Firms. Working Paper.

Pettersson F., P. Söderholm, R. Lundmark, 2012. Fuel Switching and Climate and Energy Policies in the European Power Generation Sector: A Generalized Leontief Model. *Energy Economics*, 34(4), 1064-1073.

Philibert C., 2011. Interactions of Policies for Renewable Energy and Climate. IEA Energy Papers.

Pontoglio S., 2008. The Role of Environmental Policies in the Eco-innovation Process: Evidences from the European Union Emission Trading Scheme. DIME International Conference "Innovation, Sustainability and Policy".

Rannou Y., P. Barneto, 2016. Futures Trading with Information Asymmetry and OTC Predominance: Another Look at the Volume/Volatility Relations in the European Carbon Markets. *Energy Economics*, 53, 159-174.

Reinaud J., 2008. *Climate Policy* and Carbon Leakage. IEA Working Paper.

Ren C., A. Y. Lo., 2017. Emission Trading and Carbon Market Performance in Shenzhen, China. *Applied Energy*, 193, 414-425.

Rogge K. S., K. Reichardt, 2016. Policy Mixes for Sustainability Transitions: An Extended Concept and Framework for Analysis. *Research Policy*, 45(8), 1620-1635.

Rogge K.S., V. H. Hoffmann, 2010. The Impact of the EU ETS on the Sectoral Innovation System for Power Generation Technologies – Findings for Germany. *Energy Policy*, 38(12), 7639-7652.

Rogge K.S., J. Schleich, P. Haussmann, *et al*, 2011. The Role of the Regulatory Framework for Innovation Activities – The EU ETS and the German Paper Industry. ISI Working Paper.

Rogge K.S., M. Schneider, V. H. Hoffmann, 2011. The Innovation Impact of the EU Emission Trading System—Findings of Company Case Studies in the German Power Sector. *Ecological Economics* 70(3), 513-523.

Sahu B. K., 2018. Wind Energy Developments and Policies in China: A Short Review. *Renewable and Sustainable Energy Reviews*, 81, 1393-1405.

Sandoff A., G. Schaad, 2009. Does EU ETS Lead to Emission Reductions through Trade? The Case of the Swedish Emissions Trading Sector Participants. *Energy Policy*, 37(10), 3967-3977.

Schmidt T. S., Schneider M., Rogge K. S., *et al*., 2012. The Effects of *Climate* Policy on the rate and Direction of Innovation: A Survey of the EU ETS and the Electricity Sector. *Environmental innovation and societal transitions*, 2, 23-48.

Seifert J., M. Uhrig-Homburg, M. Wagner, 2008. Dynamic Behavior of CO_2 Spot Prices. *Journal of Environmental Economics & Management*, 56(2), 180-194.

Sequeira T. N., M. S. Santos, 2018. Renewable Energy and Politics: A Systematic Review and New Evidence. *Journal of Cleaner Production*, 192, 553-568.

Shahnazari, M., A. McHugh, B. Maybee, *et al*., 2017. Overlapping Carbon Pricing and Renewable Support Schemes under Political Uncertainty: Global Lessons from an Australian Case Study. *Applied Energy*, 200, 237-248.

Si S., M. Lyu, C. Y. C. L. Lawell, *et al*., 2018. The Effects of Energy-related Policies on Energy Consumption in China. *Energy Economics*, 76, 202-227.

Skytte K., 2006. Interplay between Environmental Regulation and Power Markets. European University Institute Working Papers.

Solangi K. H., M. R. Islam, R. Saidur, *et al*., 2011. A Review on Global Solar Energy Policy. *Renewable and Sustainable Energy Reviews*, 15(4), 2149-2163.

Tan X., X. Wang, 2017. The Market Performance of Carbon Trading in China: A Theoretical Framework of Structure-conduct-performance. *Journal of Cleaner Production*, 159, 410-424.

Tang B., C. Shen, C. Gao, 2013. The Efficiency Analysis of the European CO_2 Futures Market. *Applied Energy*, 112, 1544-1547.

Trotignon R., A. Delbosc, 2008. Allowance Trading Patterns During the EU ETS Trial Period: What Does the CITL Reveal? Working Paper.

Unger T., E. O. Ahlgren, 2005. Impacts of a Common Green Certificate Market on Electricity and CO_2-emission Markets in the Nordic Countries. *Energy Policy*, 33, 2152-2163.

Veith S., J. R. Werner, J. Zimmermann, 2009. Capital Market Response to Emission Rights Returns: Evidence from the European Power Sector. *Energy Economics*, 31(4), 605-613.

Wagner U., M. Muûls, R. Martin, *et al.*, 2014. The Causal Effects of the European Union Emissions Trading Scheme: Evidence from French Manufacturing Plants. Working Paper.

Wang F., H. Yin, S. Li, 2010. China's Renewable Energy Policy: Commitments and Challenges. *Energy Policy*, 38(4), 1872-1878.

Wang T., Y. Gong, C. Jiang, 2014. A Review on Promoting Share of Renewable Energy by Green-trading Mechanisms in Power System. *Renewable and Sustainable Energy Reviews*, 40, 923-929.

Weigt H., D. Ellerman,E. Delarue, 2013. CO_2 Abatement from Renewables in the German Electricity Sector: Does a CO_2 Price Help? *Energy Economics*, 40, 149-158.

Widerberg, A. and M. Wrake 2011. The Impact of the EU Emissions Trading System on CO_2 Intensity in Electricity Generation. Working Paper.

Wu J., Y. Fan, Y. Xia, 2016. The Economic Effects of Initial Quota Allocations on Carbon Emissions Trading in China. *The Energy Journal*, 37(SI1).

Yang L., F. Li, X. Zhang, 2016. Chinese Companies' Awareness and Perceptions of the Emissions Trading Scheme (ETS): Evidence from a National Survey in China. *Energy Policy*, 98, 254-265.

Zhang F., H. Fang, X. Wang, 2018. Impact of Carbon Prices on Corporate Value: The Case of China's Thermal Listed Enterprises. *Sustainability*, 10(9), 3328.

Zhang L., C. Cao, F. Tang, *et al.*, 2018. Does China's Emissions Trading System Foster Corporate Green Innovation? Evidence from Regulating Listed Companies. *Technology Analysis & Strategic Management*, 31(2), 199-212.

Zhang H., M. Duan, Z. Deng. 2019. Have China's Pilot Emissions Trading Schemes Promoted Carbon Emission Reductions? – The Evidence from Industrial Sub-sectors at the Provincial Level. *Journal of Cleaner Production*, 234, 912-924.

Zhang Y., Y. Peng, C. Ma, *et al.*, 2017. Can Environmental Innovation Facilitate Carbon Emissions Reduction? Evidence from China. *Energy Policy*, 100, 18-28.

Zhao X., G. Jiang, D. Nie, *et al.*, 2016. How to Improve the Market Efficiency of Carbon Trading: A Perspective of China. *Renewable and Sustainable Energy Reviews*, 59, 1229-1245.

Zhao X., L. Wu, A. Li., 2017. Research on the Efficiency of Carbon Trading Market in China.

Renewable and Sustainable Energy Reviews, 79, 1-8.

北京环境交易所：《北京碳市场年度报告 2018》，2019 年。

程发新、孙雅婷："环境规制对低碳制造实践影响的实证研究——以水泥企业为例"，《华东经济管理》，2018 年第 3 期。

段茂盛："全国碳排放权交易体系与节能和可再生能源政策的协调"，《环境经济研究》，2018 年第 2 期。

段茂盛等："全国碳排放权交易体系设计中的关键问题"，载王伟光等编著：《应对气候变化报告 2017：坚定推动落实〈巴黎协定〉》，社会科学文献出版社，2017 年。

范丹、王维国、梁佩凤："中国碳排放交易权机制的政策效果分析——基于双重差分模型的估计"，《中国环境科学》，2017 年第 6 期。

范英、莫建雷："中国碳市场顶层设计重大问题及建议"，《中国科学院院刊》，2015 年第 4 期。

付加锋、张保留、刘倩："排污权交易与碳排放权交易协同管理与对策研究"，《环境与可持续发展》，2018 年第 4 期。

黄向岚、张训常、刘晔："我国碳交易政策实现环境红利了吗?"，《经济评论》，2018 年第 6 期。

嵇欣："国外气候与能源政策相互作用的研究述评"，《中国人口·资源与环境》，2014 年第 11 期。

刘侃、杨礼荣："排放权交易制度的国内外比较分析"，《中国机构改革与管理》，2019 年第 3 期。

刘晔、张训常："碳排放交易制度与企业研发创新——基于三重差分模型的实证研究"，《经济科学》，2018 年第 3 期。

路正南、冯阳："环境规制对碳绩效影响的门槛效应分析"，《工业技术经济》，2016 年第 8 期。

马丽梅、史丹、裴庆冰："中国能源低碳转型（2015—2050）：可再生能源发展与可行路径"，《中国人口·资源与环境》，2018 年第 2 期。

莫建雷、段宏波、范英等："《巴黎协定》中我国能源和气候政策目标：综合评估与政策选择"，《经济研究》，2018 年第 9 期。

上海环境能源交易所：《2018 上海碳市场报告》，2019 年。

深圳市城市发展研究中心、深圳碳排放权交易所："深圳市碳交易体系一周年运行效果总结报告"，2015 年。

沈洪涛、黄楠、刘浪："碳排放权交易的微观效果及机制研究"，《厦门大学学报（哲学社会科学版）》，2017 年第 1 期。

孙永平：《碳排放权交易蓝皮书：中国碳排放权交易报告（2017）》，社会科学文献出版社，2017 年。

王班班、齐绍洲："市场型和命令型政策工具的节能减排技术创新效应——基于中国工业行业专利数据的实证"，《中国工业经济》，2016 年第 6 期。

王晨晨、杜秋平、王晓等："可再生能源国外政策综述"，《华北电力技术》，2017 年第 2 期。

王倩、王硕："中国碳排放权交易市场的有效性研究"，《社会科学辑刊》，2014 年第 6 期。

王清军："我国排污权初始分配的问题与对策"，《法学评论》，2012 年第 1 期。

王扬雷、杜莉："我国碳金融交易市场的有效性研究——基于北京碳交易市场的分形理论分析"，《管理世界》，2015 年第 12 期。

吴凌云、许向阳："碳交易市场背景下中国造纸企业碳管理战略研究"，《林业经济》，2018 年第 4 期。

伍勇旭、杨光："关于我国可再生能源发展的政策思考"，《可再生能源》，2016 第 9 期。

肖玉仙、尹海涛："我国碳排放权交易试点的运行和效果分析"，《生态经济》，2017 年第 5 期。

赵立祥、王丽丽："中国碳交易二级市场有效性研究——以北京、上海、广东、湖北碳交易市场为例"，《科技进步与对策》，2018 年第 13 期。

中山大学低碳科技与经济研究中心、ICIS 安迅思：《广东省碳排放权交易试点分析报告（2013—2014）》，2015 年。